99%的富人，都默默在做的35件事

郝言言 著

时代出版传媒股份有限公司
北京时代华文书局

图书在版编目（CIP）数据

99% 的富人，都默默在做的 35 件事 / 郝言言著.
-- 北京 : 北京时代华文书局 , 2014.7
ISBN 978-7-80769-745-9

Ⅰ.① 9… Ⅱ.①郝… Ⅲ.①成功心理－通俗读物Ⅳ.① B848.4-49

中国版本图书馆 CIP 数据核字 (2014) 第 158135 号

99% 的富人，都默默在做的 35 件事

著　者	郝言言
出 版 人	田海明　朱智润
策划监制	林少波
责任编辑	张彦翔
装帧设计	壹品堂　王艾迪
责任印制	訾　敬

出版发行 | 时代出版传媒股份有限公司 http://www.press-mart.com
北京时代华文书局 http://www.bjsdsj.com.cn
北京市东城区安定门外大街 136 号皇城国际大厦 A 座 8 楼
邮编：100011　电话：010－64267120　64267397

印　　刷 | 三河市南阳印刷有限公司　0316-3654999
（如发现印装质量问题，请与印刷厂联系调换）

开　　本 | 710×1000mm　1/16
印　　张 | 16.5
字　　数 | 246 千字
版　　次 | 2014 年 10 月第 1 版　　2014 年 10 月第 1 次印刷
书　　号 | ISBN 978-7-80769-745-9

定　　价 | 35.00 元

前　言

　　世界上本没有穷人和富人之分，每个人都是赤裸裸地来到这个世界，除了外貌之外，没有什么区别。但经过各自的成长，有的人变得高贵、成功和富有，而有的人变得卑微、失败和窘困。这样的差距到底从何而来？让很多人困惑不已。

　　在迈向成功的道路上，每个人都不是一帆风顺的，即便遭遇失败，也不应将失败归咎于那些我们无法左右的外在条件，造成这一切的根源还是自己。从哲学原理上来讲，外因只能影响事物的发展，而内因才是决定事物发展的关键。所以，只要从改变自身做起，朝着目标不断前进，任何人都可以从无到有，从穷到富，最终实现脱胎换骨的转变。

　　世界上有两种人——穷人和富人。穷人之所以穷，是因为他们只拥有穷人的习惯和思维；富人之所以富，是因为他们拥有富人的习惯和思维。对那些成功人士的发家历程进行研究，更好地印证了这一点。富人的成功，是他们的独特习惯和思维方式所决定的。

　　曾经雄踞世界富豪第一宝座的比尔·盖茨，一次和一位朋友一同驾车前往希尔顿饭店开会，由于他去迟了，普通车位已经停满了车，只剩下几个饭店的贵宾车位。此时，随行的朋友建议盖茨将车停在贵宾车位。然而，那是要花钱的，盖茨想了想，微笑着说："哇，那可要花费我12美元，真不是个好价钱。"朋友看盖茨不愿意，于是说："没事，我帮你支付。"然而，由于盖茨坚持自己的观点，认为停车服务费太昂贵，最终也没有停在贵宾车位。

比尔·盖茨作为当时最富有的商人，按理说他并不缺钱，为什么会为了区区十几美元的停车费计较呢？其实原因很简单，他作为一位成功的商人，懂得如何让自己落到实处，把钱花在该花的地方，让每一分钱都能产生最大的效益。如果将花钱比作炒菜时放盐，就是要将盐用得恰到好处，不多不少。一个人只有当他用好自己的每一分钱，他才能做到事业有成、生活幸福。

正如比尔·盖茨这样，即便自己已经成为很富有的人，依然会在乎自己的每一分钱，不挥霍、不浪费，在常人看来，这简直不可理喻。但这就是比尔·盖茨成功的习惯和思维，是让他能成为世界首富的原因之一，同时还是很多富人都具备的品质。

一个人的思维不同，决定了行为不同，也就决定了人生成就的不同。我们看看富人与穷人的对比，一切一目了然。在自我认知方面，穷人认为自己能力一般，从来不想去如何赚钱，也就不会行动起来，而富人骨子里有激情，有梦想，相信通过自己的努力，定能成为富有之人；在对待财富方面，穷人认为少花等于多赚，而富人的观念是投资，一本万利；在消费观方面，穷人会为买名牌而绞尽脑汁，买东西时总相信贵的必然是好的，而富人更在意商品的性价比，不盲目追求所谓的名牌和奢侈品；在休闲方面，穷人认为浑浑噩噩、随波逐流是一种休闲，而富人认为，时间就是效益，即使在打高尔夫球时，也不忘带着项目合同……

可见，有的人有钱，而有的人却为生计发愁，更为买不起好车好房而烦恼，秘诀就在于有钱人拥有和常人不一样的思维模式。曾经，资深金融人士托马斯·科利花费五年时间，对富人和穷人的日常行为和习惯做了跟踪调查，得出的结论如出一辙。

对于普通人来说，如何利用好自己的每一分钱，如何通过赚钱的方式早日步入富人的行列，是值得深思的问题。首先要从改变生活方式，改变思维模式做起，培养良好的理财观念。合理分配每一笔资金，并将现有的有限资金作为原始工具，让钱为你生钱。

因为致富不是想想就能实现的，要的是投入实战，所以，当你改变了思维以后，就需要开始行动起来。首先是制定目标，目标可以是为自己准备养老保险，也可以是买车买房，无论如何，都要订立一个目标。其次是每月都固定投资，不管你的待遇如何，每个月在确保生活质量的前提下，一定要用一定金额的资金用来投资，只要坚持不懈地做下去，20年后，你一定会超越很多与你同一时间起跑的人。再次是选择收益较高的低风险的优股，虽然没有高风险的收益大，但只要坚持不懈，低风险的理财方式，也能聚集成巨额财富。

实际上，不论是赚钱的渠道和方式，还是理财的理念和技能，完全可以借鉴和效仿，学习富人的理财之道，可以让自己更快捷地实现富有的人生。《99%的富人，都默默在做的35件事》整理了那些富人在理财、赚钱方面的经历，并透彻地分析了他们的理财思路和习惯，提炼出很多普遍实用的成功理念。这样，我们就可以汲取富人致富的思想精华，站在富人的肩膀上，在实践中不断积累经验，摸索出一条适合自己的财富之路。

目　录

前言 / 001

第一章　广积人脉，拓展自己的财富之路

主动攀谈也是一种诀窍 / 003

必要时学会示弱 / 010

好朋友的婚丧喜庆，再远也要去 / 017

学会和不喜欢的人打交道 / 024

共进午餐是拓展人脉的好机会 / 031

学会在别人背后说好话 / 037

第二章　注重细节，微小之处见真章

如果可以选择，永远都要坐在第一排 / 047

守时，成功之士必备的素质 / 053

送客要送到电梯门口 / 060

不喝很多酒，只多品好酒 / 066

随身携带笔与笔记本 / 072

把梦想及目标写在醒目之处 / 079

第三章　始终坚持，有不达目的誓不罢休的勇气

要随时经得起诱惑 / 087

没有凭空想象，有钱人总是脚踏实地 / 094

兴趣是人生最有效的向导 / 101

只做自己能做的事 / 108

自我充电，不断地完善自我 / 115

兴趣让工作更出色，使心情更愉悦 / 122

第四章　以钱赚钱，财富增加的关键所在

资金少也可以生财 / 131

关键要选择长远的投资 / 137

炒股前，要先懂得江湖规矩 / 145

学会使用3种以上投资理财工具 / 150

本钱不定存，找到钱生钱的方法 / 157

第五章　理财有道，以科学方式分配财富

让金钱成为你的情人 / 167

分享财富、乐善好施，拥有好人缘 / 173

珍惜花钱买来的任何东西 / 180

第六章　房市置产，眼光要学会放长远

宁愿买差一点的车，也要买好一点的房 / 189

看房也是一种休闲生活 / 195

购屋置产是一种生财之道 / 202

依托房产中介，搜集可靠的信息 / 209

第七章　生活习惯，助推财富不断增长

每天规律性地早起 / 219

每天有固定记账的习惯 / 226

尝试多种路线上下班 / 233

每天至少运动30分钟 / 239

小红包中有大学问 / 246

第一章

广积人脉，拓展自己的财富之路

人脉是拓展财富、通向成功的门票。两百多年前，给别人倒夜壶的胡雪岩，步入商圈后，就注重建立人际圈子，善于经营人脉关系，摇身一变，成为了清朝著名的红顶商人。两百年后的今天，人脉的重要性不但没有衰退，而且日益重要。可以说，人脉可以帮助你定夺江山，也可以帮你开创事业，如果没有人脉，一个人将寸步难行，财富之门也就无法开启，没有人脉，也就没有钱路。

主动攀谈也是一种诀窍

每个人都希望别人看到自己的自信，那么首先就应该养成主动跟别人打招呼的习惯。打招呼是联络感情的手段、沟通心灵的方式和增进友谊的纽带，所以我们要学会有效地打招呼。主动打招呼所传递的信息是，我的眼里有你。谁不喜欢自己被别人尊重？

主动向别人打招呼，能拉近双方之间的距离，特别是你为了拓展业务、广交朋友时。有许多人为了谋生而工作，待遇差，工作既辛苦又单调繁重，平常已经很受气，心烦意乱，在与这类人交往时，如果你对其不理不睬，他们当然对你也不会有好感，办起事来也只会顾及自己方便，不顾你的感受。换句话说，如果你的态度不好，那么就会到处碰壁，但是如果你把他们当作朋友看待，面带笑容，给予他们适当的尊敬与关怀，即使他们不知道你的姓名，但见到你的笑容，就已经有了好感，如同吸入一股清风，精神为之一振，既然他们对你有了好的印象，那么就像出于本能一样，除了他们自身的方便之外，也会兼顾到你的方便。现代社会是一个"人"的社会，所有的活动、交易、成就都要从人与人的接触中产生，别人给你的所需，肯定你的贡

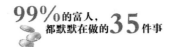
献，甚至你存在的价值，都建立在人们的回应上。所以你认识的人越多，公共关系就越好，就越容易成功。

人与人相识，除了自然的缘分，更有许多创造的机缘。能够用创造的方式，尽量多结识一些有缘的人，才是真正聪明的人，才更容易成功。生活中没有白等的机会，要掌握每一个小小的契机，把它发挥成大的巧合，就会建立起稳固的人际关系。每个人都可能跟你有缘，也都可能成为你的助力。这种助力会是你成功的保证，是你在困难中的通行证。很多人不重视打招呼，觉得天天见面的同事，用不着每次看见都打招呼，而对于不太熟悉的人，又担心打招呼时对方认不出自己而引起尴尬。还有些人总在心里想，我为什么要先向别人打招呼？其实我们完全可以通过打招呼让自己更加吸引人。

良好的人际关系既可以减轻工作压力，也会增加个人自我表现的机会。而往往那些性格内向的人，却不愿意跟别人打招呼。性格内向的原因有许多，社会学理论认为，性格的形成主要受后天环境因素的影响，性格变化与否受外在环境的制约。所以性格无所谓内外之分，不喜欢与别人交往的原因，或是自卑感在作怪，害怕失败；或是觉得人际交往可有可无；或是认为专业技能更为重要等。无论怎么样，首先不要给自己的性格下定论，也不要被别人的暗示所左右。每个人都会因独特的生活经历而形成自己的性格特点，只要你有交往的愿望，试着改变一下自己，就可以获得良好的人际关系。良好的人际关系并没有一个确切的标准，只要你觉得周围环境安全可靠，与同事和朋友好相处，出现矛盾和问题时能友善沟通，就足够了。

要想成为受欢迎的人气王，除了积极主动地建构人际关系外，当人际关系出现裂痕时，也要懂得马上采取补救的措施，这才是让人气能够持续、长久的秘诀。那种总是保持冷漠甚至令人畏惧、过于沉默的人容易让人惧怕，甚至会引起对方的厌恶感。因为在对方无法窥知其内心的情况下，容易让别人产生情绪的紧张，增加内心的压力。而一个热情积极的人，身上总是焕发着阳光般的活力，无论走到哪里，都会把自己的一声招呼和微笑送达，周围的人总会被其魅力所感染，当然也会备受欢迎。

俗话说，一个篱笆三个桩，一个好汉三个帮，人际关系在工作和生活的各个方面都起着十分重要的作用。或许因为畏惧的心理已经积累了多年，在短时间内不容易改变，但一定要鼓足勇气，以积极的态度去面对生活。平时多观察别人是如何交流沟通的，然后至少可以学着他们的样子谈论一些既轻松又能让大家感兴趣的话题。现代社会是一个高度信息化的社会，人与人之间的联系越来越紧密，每时每刻都要与人打交道，所以我们必须要学会与人交往，不但日常生活中需要良好的人际关系，工作中更需要融洽的人际关系环境。人际关系并非可有可无，它已逐渐成为现代人必备的生存技能。

有人认为主动跟别人打招呼代表比别人低下，其实恰好相反，主动打招呼说明你有宽广的胸怀和积极的人生态度。民间有句俗话："大官好见，小鬼难缠。"大官随意见，主动跟下属打招呼是其自信的表现；小官故意端架子，正是他生怕别人不承认他的权威，这也恰恰显示出他的不自信。乐于助人也是与人交往中很容易做到的且能够获得他人好感的办法。在自己力所能及的范围内，为身边的同事解决一些小困难，你会在不知不觉中与大家融在一起。搞好人际关系就要勇于尝试，走出自我的封闭，多试着与同事们进行合作，也许你就会惊喜地发现"团结就是力量"的说法真是很有道理。

小刘是某公司的主管，有一天，他来公司挺早的，见到保洁员已经在打扫卫生，于是他打招呼说："你好，辛苦了，这么早就来了。"保洁员顿时觉得受宠若惊，毕竟小刘也算是中层领导，连忙回道："不辛苦，不辛苦，这是我们的义务。"

过了一段时间，单位要征订杂志，那位保洁员负责统计订购的情况，时间仅一上午。就在那天上午，小刘外出办事，直到中午才回来。结果，当小刘回来时，发现那位保洁员还没有下班，这才明白，原来她竟等了自己一上午。小刘不知道订什么杂志好，保洁员便拿出其他同事订的杂志给他做参考。根据别人征订的情况提醒他，《电子商务》、《互联网时代》应该可以，老总办公室都订阅这杂志。于是，小刘听取了这个保洁员的建议，也订了这两种杂志。

果然，那些杂志的新鲜观点正是老总喜欢的，所以在开会时经常提问。结果，小刘总能轻而易举地回答老总提出的问题。从此，老总对小刘更加器重了。

只是因为一次偶然小小的招呼，就能让小刘结识一位守信、真诚的保洁员，并为小刘提出了合理性的建议，使得小刘能得心应手地应付老总提出的问题，从而得到老总的器重。越来越多的现代人注意到，成功的人大多在生活中都有关系网，这种网由各种不同的朋友组成。有过去的知己，有新交的好友；有男的，有女的；有前辈或晚辈；有地位高的，有地位低的；可能来自不同行业，具有不同特长，来自五湖四海。

广泛与人交往是机遇的源泉，交往越广泛，遇到机遇的概率就越高。有许多机遇就是在与朋友的交往中出现的，有的甚至在"无心插柳"时。朋友的一句话、一点帮助、一丝关心等，都可能化作难得的机遇。在很多情况下就是靠朋友的推荐、朋友提供的信息和其他方面的帮助，人们才获得了难得的机遇，所以在生活中必须树立积极主动的心态，有意识地去和别人交往。

金副主任是一个总是向别人打招呼的性格开朗的人，现在是科长的第一顺位候补。在公司，他总是先大声地向别人问好，所以在主管或部门同事中没有人跟他敌视。大家都说和他打招呼时心情特别愉快。

金副主任经常向人问好，即使在走道或电梯里碰到早上打过招呼的同事，他也会再度问好，这时候他就会以"工作顺利吗？"、"今天看起来气色很好！"等轻松的话语来代替问候。金副主任的问候常能给对方带来能量，碰到没有晋升的前辈，他就安慰对方"大家都觉得很可惜，下次你一定可以晋升的。"很有趣的一点是，金副主任对同事的问候也常常能为自己的工作产生加分的效果。

如果写企划书时碰到困难，同事们就会帮他分担，即使犯了某些错误，也不曾被主管点名责骂或是反映给人事部，相反，主管还会叫他坐在身边，然后亲切地给予指导。而且只有金副主任的企划书能经常被选为优秀方案。

在与其他部门合作时，本部门同事更清楚地感受到金副主任的优点，每当部门间有分歧或冲突时，只要有金副主任出面调解，大家就会停止争执，不会产生严重的摩擦。

简单的一句"你好"，能将正能量传达给他人。"你好"二字传达出积极的讯息，那就是希望对方一切顺利，就算是碰到困难也能顺利解决。所以，善于人际交往的人，在与别人见面时，多半会率先大声向别人问好，以此给别人带去祝福，而这些先送出的祝福，将会慢

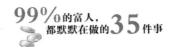

慢累积起来，成为自己人生发展的重要砝码。

著名的社会学家霍曼斯指出，人际交往本质上是一个社会交换的过程。长期以来，人们最忌讳将人际交往和交换联系起来，认为一谈交换就很庸俗，或者亵渎了人与人之间真挚的感情，其实这种想法大可不必有。在我们日常交往中，总是在交换着某些东西，或者是物质，或者是情感，或者是其他方面的东西。人们都希望这些交换对自己有价值，并希望在交换过程中得大于失或至少等于失。不值得的交换是没有理由的，不值得的人际交往更没有理由去维持，不然我们就无法保持自己的心理平衡。所以，人们的一切交往行动和一切人际关系的建立与维持，都会依据一定的价值尺度进行衡量。对自己不值得交往或者是得大于失的人际关系，人们就会倾向于选择逃避、疏远或中止。

正是交往的这种社会交换本质，要求我们在人际交往中必须注意，让别人觉得值得与我交往。无论彼此如何亲密，都应该注意从物质、感情等方面进行"投资"，否则，原来亲密的关系也会渐渐疏远，使我们面临人际交往困难。

在我们积极"投资"的同时，还要注意不要急于获得回报。现实生活中，只问付出，不问回报的人只占少数，大多数人在付出，却没有得到期望中的回报，这时就会产生吃亏的感觉。许多人在交往中都是唯恐自己吃亏，甚至总期待占到一点便宜。心理学家提醒我们，不要害怕吃亏。郑板桥的"吃亏是福"广为流传，然而真正领悟其中真意的，为数不多。

其实，"吃亏是福"作为人生哲理名言，确实有它的心理学依据。"吃亏"是一种明智的、积极的交往方式，在这种交往方式中，由"吃亏"所带来的"福"，其价值远远超过了所吃的亏。一方面，在人际交往中，适当吃亏会让人觉得你很大度、豪爽，有自我牺牲精神，重感情，乐于助人等等，这也是做人的高层次精神境界。同时，这种强化有利于增强自信和自我接受。这些心理上的收获，不付出就无法得到。另一方面，天下没有白吃的亏。与我们交往的无非都是普通人，在人际交往中都遵循着相类似的原则。我们所给予对方的，会形成一种社会存储而不会消失，一切终将以某种我们意想不到的方式回报给我们。显然，吃亏将带给我们的是一个美好的人际交往世界。而那些喜欢占便宜的人，每占了别人一分便宜，就丧失了一分人格的尊严，就少了一分自信，长此以往，必将在人际交往中找不到立足之地。

以前的长辈经常对孩子们说，平常进出门时，一定要出个声音，而且要求子女必须养成向人问好的习惯，现今我们已经忘了这些教诲的深层含义，今天我们坚信要抢先得到新知识和新技术以及别人所不懂的东西，才可以开启一个富足的未来，却往往忽视了做人的基本要诀，我们之所以常常遭遇挫折，就是因为忽略了这些看似单纯而微不足道但其实很重要的生活现实，挫折只不过是我们为此付出的代价罢了。

一对夫妻生下小孩之后，爸爸妈妈很早就教会小孩子讲"你好"，我们的父母，还有父母的父母，都会传授生活的基本要诀给下一代，目的就是希望子女们能够过上幸福的生活。而你在向下一代传授基本生活要诀时，应包括如何主动与人攀谈，如何主动问一声"你好"。因为这句话正包含了和平与共存的关系，蕴藏着成功、幸福等无比真实的一面。

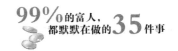

 必要时学会示弱

示弱就是放低位置，降低姿态，在他人面前谦虚谨慎。示弱既是一种人生态度、独特的行为方式，也是一种交际之道、生存智慧。在竞争激烈的社会中，即便真的比别人强，也要懂得适时忍让，懂得示弱，拥有一颗隐忍之心，方可成为最后的赢家。

不处处争强好胜，懂得适时地示弱，是做人的最高境界。对人要谦和，要中庸，不要对人有攻击性，而需要包容，需要宽厚仁慈。这些富有哲理的观点，中国古代的文化中早已有之。中国历史上，有很多这样脍炙人口的典故：韩信能忍胯下之辱，遂成一代名将；越王勾践卧薪尝胆，才能复兴家国；蔺相如示弱，才有将相和的千古美名。勇敢坚强、百折不回、不屈不挠是一种美德，但是面对强大的对手，如果没有取胜的机会，仍然一味勇往直前、不知进退，就会陷入被动，给自己带来不必要的伤害甚至牺牲。

但如果适时示弱，做到避其锋芒、养精蓄锐、迷惑对手，然后选择时机反戈一击，就可以出奇制胜。一个人太强势，不懂得示弱，不管出发点是不是好的，双方都会受到伤害，甚至遍体鳞伤。其实示弱很简单，只要做到在关键时刻情商管理得体，愿意听从别人的意见，关注别人的感受，让对方有安全感，就能表现出你对人生的一种成熟、豁达、理性的态度。示弱不是妥协，是为了能更快地实现目标，要学会示弱，做熟透的稻谷。

在现实生活中，人们都不愿示弱，个个都争强好胜，谁也不想让别人"小看"，于是为了争一口气而和别人发生无谓的争吵、打斗，造成严重后果，然后追悔莫及。这样的事情屡屡发生，就是因为人们不懂得示弱。示弱并不是说你人格变弱，而是包含一个人的人品、道德、心胸和修养。一个人能否会示弱，可衡量出他的文化素质和为人处事的方法，也体现出他是理智还是率性、清醒还是糊涂，更能判断他解决问题能力的大小。示弱并不是真的弱不禁风，哭哭啼啼地没主意，而是在遇到争执和误会时，懂得让人三分。就算是当时受了误解，也不争强去闹个水落石出，事实就是事实，总会清楚，只是需要时间而已。

其实适时示弱是一种生存智慧，也是一种获取成功的手段。强者示弱，不但不会降低自己的身份，反而能赢得别人的尊重，留下"谦虚、和蔼、平易近人、心胸宽广"等美名。懂得示弱的人，往往能更有力地存活下来。故意示弱可以减少及至消除他人的不满或忌妒。事业的成功者，生活中的幸运儿，被人忌妒是难免的，这种情况下，与人生气、吵架都没有用，倒不如来个主动示弱，再加上针对对方的某些优点，真诚地给予一些赞美，就会抚平他人的忌妒心理，为自己赢得一个适合发展的好人缘、好环境。

人都有一种忌妒的心理，这就我们在为人处世过程中，不要处处争强好胜，能够主动示弱，才能以退为进。在职场中，霸道的人会让人觉得很难接触，甚至连见面打招呼的情谊都没有，非常不利于和同事、领导进行交流。所以适时的示弱，在关键时刻听取别人的意见，关注别人的感受，会给别人留下随和、友善的印象，认为你是可以深入合作、共同进步的合作伙伴，在生活中也是可以交往的朋友，并充满安全感。如果平时生活中不经意给别人留下你很强势的印象，可以采取适当的方式弥补，重新树立自身良好的形象。

小张和小赵是大学同学，自从毕业后一直没有见面，有一次他们在网上偶然碰见，一番嘘寒问暖，说到同学们的状况。毕业10年后，许多同学在事业上都取得不小成就，有的从政做官，有的下海经商做了老板，有的成了某单位里挑大梁的骨干，小张觉得小赵肯定也混得不错，因为那时的小赵是班长，不但学习优秀，而且吹拉弹唱样样精通，是一个极富才气的高材生。

当小张问及小赵的现状时，小赵发了一个非常郁闷的聊天表情。小张就问他，以你的才能应该是事业、生活春风得意，怎么会郁闷呢？小赵说，什么春风得意，我奋斗了10年，还是小职员一个。怎么会这样呢？简直让小张难以置信。其实，以小赵的能力，不管在哪个单位，应该都是数一数二的人物。小赵接着说，这有什么好奇怪，排挤人才，嫉妒人才，压制人才，都是常有的事。听了小赵的话，小张当然为他的怀才不遇而感到深深惋惜。

后来小张与小赵的一位上司接触，才了解到小赵为什么"怀才不遇"。领导说，小赵的确是一个不可多得的人才，然而他太好表现，锋芒毕露，逞强好胜，恃才傲物，不把其他人放在眼里，在单位很不受同事的欢迎。尽管如此，我还是十分欣赏他的才干，好几次想找机会提拔他，可遗憾的是，每次投票都是他得票最低，我还真没办法。

现在的年人很提倡张扬个性，展示魅力，体现自我。这原本是积极向上的生活态度，但在很多场合下，过度强调个人，过分张扬个性，就会适得其反。其实在职场、在社会，示弱也是一种有效的人际交往方法。示弱不是虚伪，只是在某些场合给对方一个空间、一个余地，这种空间使得人际关系不会过于紧张，也能充分发挥个人的潜能。生活中的示弱，不仅不会使你没有面子，而且会使你不知不觉地高大，获得他人的尊重，也许这就是示弱的最好成果。

娜娜大学毕业后，幸运地进到机关单位工作。本来就是中文专业出身，再加上她平时就喜欢读书、写作，所以这一优势在工作中被她发挥得淋漓尽致。领导交代的任务，每一次她都能出色地完成。再加上她精力充沛、工作认真，不久就深得领导器重。而且通过写作赚取不少稿费，更是让她感觉事业、金钱双丰收。

然而，娜娜没想到麻烦也会因此而至，先是有些在机关工作十几年还在原地踏步的同事开始讥讽：娜娜，又来稿费了？挣这百八十块钱可不容易啊，我说你眼睛怎么又红了。昨夜又熬到几点？除了老同事的嫉妒和讥讽，那些年轻的同事心里也不平衡，每当看到娜娜拿到了荣誉证书，就去领导那里告状，背地里用一些小事情污蔑娜娜，什么利用上班时间做自己的事啦，什么上班时间用公家电话给家人打电话，等等。

领导找娜娜谈话，尽管语气很委婉，但她心里还是有点不是滋味，对那些无聊的告状者，娜娜自然非常恼火，复杂的办公室环境让她身心疲惫，后来她终于想明白了，可能是自己的锋芒过胜。于是，娜娜沉下心来认真观察周围的同事，积极从他们身上挖掘闪光点。

那个常嘲讽她点灯熬油写文章的大姐，有一个非常优秀的儿子，同她聊天时，娜娜就有意无意将话题扯到她的儿子身上。对那位大姐说："听说你们家阳阳很聪明，都是你的教育功劳！""我要是有孩子了，将来一定要好好跟你学，在这方面，我现在还是一张白纸呢。"每当谈起孩子，那位大姐的话匣子就打开了，逐渐愿意和娜娜交流，在一次次交流中，她对娜娜有了深入的了解，成见也慢慢消失了。有一位经常污蔑娜娜的年轻同事很会打扮，于是娜娜就经常跟她说："看你今天穿得好漂亮啊，显得你更有气质，我不会挑衣服，你看我的衣服都不怎么好看，有空给我传授一下经验吧。"听娜娜这么一说，那位同事有点羞愧，不过她因为娜娜的赞美而窃喜，一来二去，彼此走得越来越近，渐渐接纳了娜娜。

示弱能使处境不如自己的人保持心态平衡，有利于人际交往。示弱必须善于选择适宜的内容。比如说，地位高的人在地位低的人面前，不妨展示自己的奋斗过程，表明自己其实是一个平凡的人。成功者在别人面前多说说自己失败的经历，多说说现实的烦恼，可以给人一种"成功不易"、"成功者并非一举成名"的启示。对眼下经济状况不如自己的人，可以适当诉说自己的苦衷，例如健康欠佳及工作中的诸多困难，让对方感觉家家都有一本难念的经。某些在专业上有一技之长的人，最好表明自己对其领域一窍不通，讲讲自己在日常生活中如何闹笑话、遭遇尴尬等。至于那些完全因客观条件或偶然机遇侥幸获得名利的人，更应该直言不讳地承认，自己是天上掉馅饼，是偶尔的运气好。

示弱还要表现在行为上，当自己在事业上已经处于有利地位，获得一定成功时，在小的方面，即使完全有条件和别人竞争，也要尽量回避退让。也就是说，对平时的小名小利应淡薄些。因为你的成功已经成了某些人的忌妒目标，不要再为一点微名小利惹火烧身。应该让出一部分名利给那些些暂时处于弱势中的人。要明白，示弱是收而不是放，是守而不是攻，它是一种无形的力量。所以在为人处世中，懂得示弱是人际交往中掌握主动权的灵丹妙药，也是谦逊为人、低调处世的制胜法宝。

示弱不是妥协，而是战胜困难的过程中一种理智忍让。生活中向人示弱，我们可以小忍而不乱大谋；工作中向人示弱，我们可以收敛触角并蓄势待发；强者示弱，可以展示你博大胸襟；弱者示弱，可以积累时间渐渐变得强大。该示弱时就示弱，调整一下目标，改变一下思路，就能巧妙地穿过人生荆棘，出现柳暗花明又一村的无限风光。其实在日常生活中也有很多例证说明低头、示弱的必要性。要想进入一扇门，就必须让自己的头比门框更低；要想登上成功的顶峰，就必须低下头、弯下腰，做好攀登的准备。

我们常用毫不示弱来形容人的勇敢，但时时处处不示弱的人能得到一时之利，却难成为最终的成功者。倒是一些人凡事忍让、不逞能、不占先，心境平和宽容，做事持之以恒者，即使遭遇到打击，也不会万念俱灰，因为心境平和，所以处之泰然。这种人跑得不快，却能坚持到终点。面对压力不低头的人是有个性的人，而会低头的人则是聪明的人。低头是一种人生智慧，学会低头，也就学会了审时度势、把握全局、小忍大谋；学会低头，就能顺利跨越生活中意想不到的低矮"门框"，免受无谓的伤害；学会低头，才能正视自己的错误，避免铸成大错而抱憾终生。常有人一方面抱怨人生的路太窄，看不到成功的希望，另一方面又因循守旧，不思改变，习惯在老路上继续走下去。其实，天生我材必有用，东方不亮西方亮，如果我们调整一下目标，改变一下思路，完全是不一样的天空。

示弱是一种灵性觉悟，是一种智慧的显现。示弱不是盲目的妥协，而是一种理智的忍让，示弱不是倒下，而是为了更好、更坚定地站立。在人生旅途中跋涉，绝对不会风平浪静，面对困境，需要你做出人生抉择时，既要拿得起，也要放得下，这样才能走得更远。

所以说，做人做事如果适时示弱，有时也会成为赢家。人生最大的幸福不是我们能一帆风顺，而是掌握了不断变通的生存智慧。为人必须低调一些，地低成海，人低成王；圣者无名，大德无形；鹰立如睡，虎卧似病；贵而不华，华而不炫；韬光养晦，藏器于身；才高不自夸，位高不自傲；路径窄处，留一步让人；滋味浓时，减三分请人品；名山若隐、灵水微澜；稻穗头越低，果实越丰硕。

好朋友的婚丧喜庆，再远也要去

大多数人把红、白包视为畏途，能闪就闪。可是那些有智慧的富人，只要时间许可，好朋友的婚丧喜庆，再远的路也要参加。这并不是好面子，也不是无谓逞能，而是在把握一种增进友谊的机会。因为他们知道婚事、丧事是一个人的大事，在那样关键的场合，有好朋友的陪伴和支持，是一件很幸福的事情，于是彼此的友谊将会更加深刻。

我们处在一个讲理更重视情礼的社会中，婚丧喜庆通常都是人生的大事，不仅能为自己换来一辈子根深的交情，还可能是事业上的助力。对当事人与相关亲友，都具有独特的重要的意义。《红楼梦》里有一副对联：世事洞明皆学问，人情练达即文章。意思是说，把人情世故弄懂就是学问，有一套应付本领也是文章。能做到"世事洞明"的人恐怕不多，但倘若我们能够留心"世事"，从而培养"人情"，便会"皆学问"，下笔"即文章"。

在这个世界上，为什么有的人才高八斗、学富五车，却落得一辈子穷困潦倒、一事无成？为什么有的人没有什么才华，却能功成名就、春风得意？不管人身处何时代，不同的人有不同的人生境遇，究其原因就是人情世故。从某种程度上说，是否懂得人情世故，决定着一个人的一生是飞黄腾达还是穷困潦倒！大凡成功的达人，无一例外都明白这一点。他们读懂了社会的本质和人际交往的潜规则，知道对方需要什么，知道对方想要什么。所以，正如钓鱼一样，要想钓到鱼，就要摸清鱼儿的生活习性。那些成功人士，你可能看不见他们奔波劳碌，但总在不动声色中，他们就实现了自己的人生目标，他们成功的密码是什么？其实就是吃透了很简单的四个字——人情世故。

真正的聪明人做事做得恰到好处、滴水不漏，不仅收获实利，也博得美名。而有的人则刀子嘴豆腐心，不少帮别人的忙，却没有一个说他好，反而培养了不少敌人在身边，这大都是不懂人情世故的缘故。生容易，活容易，生活却不容易。每个人必须面对残酷的竞争。因为不懂得人情世故，历史上很多立下汗马功劳的功臣名将，最后却落个被诛杀的下场，他们没有倒在敌人的剑下，而是冤死在自己的手中，鲜血横溅，脑浆涂地。世上不会有卖后悔药的地方，即使有，也缺少补救的机会，所以，可惜那些功臣名将，拥有光辉灿烂的履历，人生却遗憾地草草收场，这些用鲜血和脑浆写下的沉痛教训，怎么不让人深思？

从古至今，许多人办事就是依赖于人情，他们千方百计，绞尽脑汁拉关系结人缘，建立深厚的人情关系，办事顺畅无阻，显示自己的办事能力。其实，人非草木，孰能无情？人情存在于人们的血缘和关系密切的朋友之间。"虎毒不食子"、"日久见真情"、"为朋友两肋插刀"都有很浓厚的人情味。京官外调有威信，有威严，办事公平，铁面无私，下属不敢冒犯，缘由就是在外地比较生疏，没有人情纠结，陌生人不敢接近，更不敢贸然行贿。

人情是什么，就是自己的个人价值在他人眼中的感觉，世故就是经验、技巧。说到底，人情离不开情、理、法三个要素。情是自己交往中的内心感受，理是交往中的规则、规范，法是定论。门是朝路开的，意味着人情是在交往中产生的。古语说，礼尚往来，往而不来，非礼也；来而不往，亦非礼也。施恩莫念，受恩莫忘，你对别人好，不要老是说，他知道就行；你得到他人的帮助，要知恩图报，吃人一口，还人一斗，要增量回报，最好用语言说出来。

欠人情是要还的，至于还的方式方法，在于个人。施要讲利，受要讲义。虽然说帮助别人不直接为利，是为了义，但是别人欠你的人情，迟早会还给你。注意利的隐蔽，尽管你当初的动机是纯粹的、善良的，你的付出不求回报，也要保证你的付出对方可以接受，这样，对方会感激你，总会在恰当的时间回报你。但要是你给的太多、太重，使对方承受不起，这样也不好，时间长了对方会有愧疚感，或许就会疏远你。

台湾著名的企业家、台塑集团创办人，被誉为台湾"经营之神"的传奇人物王永庆，从做生意开始就利用其良好的人缘，建立起了广泛的人脉关系网络。

刚开始做木材生意时，王永庆往往能够站在客户的角度想问题，对客户的条件放得很宽，很多时候等到客户卖出木材之后才结账，而且从不需要客户做任何担保。由于这分信任和理解，和王永庆合作过的客户，几乎没有拖欠和赖账的。也正是因为这份信任，客户很快就跟王永庆建立起了深厚的友谊。

华夏海湾塑料有限公司董事长赵廷箴，曾经与王永庆合作过建筑生意。有一次赵廷箴急需要大量周转资金，便向王永庆表明自己的困难。王永庆二话没说，立刻借给他十几根金条，还不收分文利息。于

是他不仅帮助了赵廷箴，而且两人成了很要好的朋友。从此以后，赵廷箴工程所需要的木材全部向王永庆购买，成为王永庆最大的客户。

王永庆回忆这段往事时说，正是由于自己结识了木材界的众多朋友，我才能在木材业迅速崛起，站稳脚跟。后来王永庆一直在建筑业发展，并且木材厂的生意非常兴隆。1946年，王永庆才30岁，但他已经积累了5000万元的资本。

所以说，真正的富人，他不会把钱看得如命一般，他懂得如何用钱去拓展人脉，为自己取得良好的人缘，建立起广泛人脉关系网络。因为对客户的信赖，对客户进行无私的救济，就使得王永庆在业内结识下众多朋友。千金难买是朋友，朋友多了路好走，不是一句空话。王永庆也因为广交朋友，利用朋友圈拓展事业，事业之路才越发顺畅。

罗斯福说，成功的公式中，最重要的一项因素是与人相处。一个没有交际能力的人，就像失去动力的船，永远无法在壮丽的人生大海里劈波斩浪。任何人要完成事业，离开社会、离开群体、离开他人都是不可能的。良好的关系会使你获得一股强大的支持力量，在成功时，会让你得到分享和提醒；在挫折时，让你得到倾诉和鼓励；在需要帮助时，为你扫清障碍，助你一臂之力！很多人崇尚个性和独立，为人处世总以自我为中心，认为与他人的关系如何无关紧要，但是无论从哪个角度看，人与人之间的关系好坏，都是一个人成功与否的重要因素，忽略这一点，单纯强调个体的力量，只能是处处碰壁。世间密密麻麻地结着人缘网，我们每个人都生活在一个个网中，攀缘着网丝可以和许多人联系起来。如果你建立了牢固的人脉网络，就等于拥有了一笔无形的巨额财产。

　　罗永浩在2010年5月出版的畅销书《我的奋斗》中，讲述了他的一个财富故事。从新东方辞职之后，罗永浩自己打算办一个私营培训机构，但需要寻求合作对象并获得一笔投资。由于他本人并不擅长于跟资本市场打交道，所以谈来谈去，搞得很头疼，而且还没有结果。

　　直到有一天，他突然接到一个电话，这个人是他十多年前的朋友，正好在北京出差。这个朋友在非洲历经磨难，从卖面包做起，现在已经成了尼日利亚第二大连锁店的老板，成了一个名副其实的面包大王、亿万富翁。由于这个朋友正好在北京，于是他们两个人相约在一个饭店聚一聚。在与朋友闲聊的过程中，罗永浩有意识地提到办培训机构需要筹资的事情，对方立即问："需要多少钱？"罗永浩说："几百万吧。"对方又问："人民币还是美元？"罗永浩点点头说："人民币。"对方很惊讶地说："啊，这么点钱就够了？"

　　第二天，这位朋友就把几百万资金打到了罗永浩的账号上。当时连罗永浩自己都觉得很惊讶，十多年没有见面，怎么吃一顿饭就给他投资这么多钱？后来他才知道，原来是他们两个小时候玩游戏时，罗永浩从来不占别人的便宜，甚至是吃亏的，但正因为这样，在当时的同学、朋友中，罗永浩拥有非常好的人缘，朋友们至今对他一如既往的信任。

　　好人缘绝非是可有可无，它是人生的基石，是事业的助推剂，是个人幸福的源所在。人缘好的人处处受欢迎，办事皆顺利，也更容易有成就感和满足感。好人缘让一个人在社会中更好地发挥才能，也会赢得更大的自由度。有什么样的人际关系，就会处于什么样的人生层次，不断地把自己的人缘向高处延伸，就会拥有不一样的人生。不过，人缘的积累有一个过程，不妨将人缘作为个人资产，每天盘点一

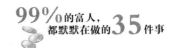
下投资和收益，看看各有什么样的变化，并不断地调整，只有这样日积月累，才会使人缘达到较高的境界，使人生的天地拓宽得更广。

在人的交际活动中，起到最大作用的应该是言语和动作，一切人情世故，多半体现在说话当中。如果想有个好人缘，就要巧妙地驾驭和运用语言这个工具。人的魅力来自于个人的气质与修养，表面在形象与仪态上。这种魅力能对周围的人产生吸引力，让身边的人产生敬佩感，从而让自己在群体中获得景仰，并且使别人不由自主地对你产生喜欢的情绪，并接受你的观点和主张。所以你会相信朋友多了路好走，不同的朋友能给你带来不同的启迪，拓展你的思维，开阔你的眼界。相交多年的人是益友、是良师，而一些萍水相逢的人，如果得到了你的友情，也会让你获得意想不到的惊喜和回报，帮你走向成功。还有就是你的亲人、你的乡邻、你的同事以及下属，只要和他们融洽相处，他们都可以给你提供各种帮助。

怎样才能有好人缘？建立好人缘需要有长远的眼光。喜欢钓鱼的人都知道，要想钓到大鱼，就要把线放长一些。在现实生活中也是如此，如果急功近利，只能获得一些蝇头小利。

拥有好人缘和好的关系网，对成功有着很重要的作用。但是，建立一个好的人缘可不是一朝一夕的事情。这就需要"放长线，钓大鱼"，也就是说要顾全大局，具有长远的眼光。俗话说，种瓜得瓜，种豆得豆。把这样的哲理运用到社会交往中，就是你处处尊重别人，得到的回报就是别人处处都尊重你，尊重别人其实就是尊重自己。

有一句话说，路遥知马力，日久见人心。在日常生活中，从某种程度上说，人之间的友谊情分只是一种利益关系，甚至更多的是一种利用与被利用的关系。尽管有些时候，人与人之间的关系确实是有赤裸裸的利益交接，但是在主流的精神价值中，绝大多数人都拥有仁爱思想，而人际交往中，这种思想会转化成真挚的感情。然而，很多人只看到表面的利益互换，却看不到深层的情感蕴藏，所以，这样的人会视交际为粪土。如果你不懂得交际深层的真谛，那就应该带着一颗敬畏之心，去维系人与人之间最美好的感情，你定会从交际中获利。

一位著名的作家曾经这样说过，现代社会，人们完全靠一个规模庞大的信用组织在维持着，而这个信用组织的基础是大家对人格的互相尊重。谁也无法单枪匹马在社会的竞技场上取得胜利、获得成功。换句话说，你只有在朋友的帮助和拥护下，才有可能成功。所以成功需要好的人缘，好人缘是一笔财富，一笔难得的财富。没有好的人缘，意味着你没有好的人脉，你只能孤军奋战，而事业发展万万离不开人脉资源。

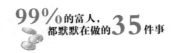
 ## 学会和不喜欢的人打交道

> 在现实生活中，很多人愿意和大多数人打交道，但惟独不喜欢和自己感到厌恶的人来往。不仅如此，他们会对对方嗤之以鼻、敬而远之，甚至冷嘲热讽、横眉冷对。在交际如此重要的今天，和自己喜欢的人交往很重要，学会和自己不喜欢的人交往更重要。

柳传志的一句话很有道理，他说人的综合素质中，要具备一种能力，就是要学会和自己不喜欢的人打交道，这样才能让你在面对一些比较棘手和复杂的情况时，能让你很自如地处理。所以那些有经验、有涵养的老板，他们在谈判时总是面带着微笑，永远摆出一副坦诚的样子，即便谈判的对手是个很讨厌的人。即使最后双方没有谈成，还是会将手伸向对方，笑着说，但愿下次合作愉快！

曾经有一位久经商场的老手说过，商场上没有永远的敌人，只有永远的利益。在商场上没有利益之争的合作，是不可能存在的。俗话说和气生财，在商场上很忌讳结成仇敌，长期对抗。很多时候，可能今天因为利益分配不均而争吵，或者为一笔生意搞得两败俱伤，可是说不定明天就会携手，共占市场互相得利。所以无论如何，对于竞争对手也好，合作对象也罢，或者是让你讨厌之极的人，都没有成为死敌的必要。

在生意场上奋斗，最为忌讳的经营策略就是树敌太多，尤其是当你的仇家联合起来对付你，或者是暗中算计你时，纵然你有三头六臂，也难以应付集群攻击。买卖不在人情在，纵然是因为合作对象让你非常讨厌，而导致生意没有谈成，但也并不代表以后没有合作的机会，或许你讨厌的人会给你带来未来的客户。

世界上不可能有十全十美的人，但凡是人都有优点和缺点。即便你非常优秀，毫无毛病可以挑剔，也总会有人看你不顺眼。同样，别人无论多么差劲，也总有让人可欣赏的地方。有人会说，我可以不跟讨厌的人打交道，但问题是，大多数情况下选择由不得自己。如果关系处理不好，不去适当与讨厌的人打交道，就会给你的工作和事业的发展带来非常不利的后果。所以，我们应该努力寻求一种方法，让自己和任何优秀的人搞好关系。

有一个年轻人大学毕业后到一家公司工作，一待就是五年。由于他工作努力，很多同事都看好他的前途。但他却总是看不惯他的部门经理，认为经理总是说得比做得多。在他辞去工作的前一年，有一次因为工作和经理产生了分歧，再加上平时的积怨，于是与部门经理发生了激烈争吵，但由于他出色完成了公司业务，事实证明他是对的。

这件事发生后，年轻人依然像以前的那样忙碌工作，部门经理也没有再提什么，他以为这件事被经理渐渐淡忘。可是，每次同事获得加薪和升职时，都没有他的份。每次和经理对上目光时，经理也总是对他表示微笑和歉意，并投出意味深长的目光。所以他能看得出，经理从来没有认为这件事就此罢了。

直到比这个年轻人晚到公司工作的人员都获得了提升，而他还原地不动时，他毅然决定离开。离开公司的那一天，他的内心很平静，波澜不惊地和经理谈了自己的想法和原因，然后很客气地相互祝愿、道别。但是在临走的那一刻，他还是忍不住问了经理一个一直萦绕在他心头的问题："我一次次地晋升无望，是不是因为那件事？"经理先是摇了摇头，然后又肯定地点了点头说："你要记住，没有哪个上级愿意被人当面顶撞，哪怕只是一次！"

所以不管你曾经是多么优秀，如果你在与人交往中掺杂个人情绪，往往会让你的工作很不顺心。脾气每个人都有，关键是如何去控制。这个年轻人太过于主观，可能在他的观念里，努力工作，只要对的就必须得到认可，可是往往观念是双方的，碰到问题时当然有两个不同的侧面，学会站在另一立场，或许就会对问题有另一种看法，也就不会发生如此尴尬的情况。

当碰到那些不肯心服于你，而且故意刁难你的人，你应该学会用自己的个人魅力去震慑他们，让他们知道你的实力，此时需要的不是忍让，而是一种魄力，一种铁腕似的强势。以一种强硬的姿态与他们进行面对面较量，具备固若泰山的心理定力，就可以化解对方的一切不良情绪。对于那些小心眼的人，就不要过多地与其计较，小胜凭智，大胜靠德，要用一种海一般宽广的胸怀，去面对对方狭隘的思想，这样一来，优势在谁手，一眼见分晓。

当你不得不和讨厌的人共事时，一定要管理好自己的时间，不要为任何人所掌握，不要让对方对你胡搅蛮缠、没完没了。当不得不和讨厌的人打交道时，一定要控制好自己的情绪，不管有的人多么让人讨厌、难以相处、自私、无趣、或难缠，尽量随着对方的性情，你要知道，对方拥有怎样的情绪、拥有怎样的缺点，都与你无关，你也不要试图去改变别人，因为你根本改变不了。此时，你应该考虑的是，如何在从容应对这些烦恼时，不影响自己目标的达成。所以，你要把握住对方已经放弃的控制权，保证自己能从这样不算愉快的接触中取得所需。

学会和自己不喜欢的人打交道，首先要做到知己知彼，不要因为自己不喜欢什么就试着去逃避，而要学会面对，不管对方会多么难缠。要善于利用各种谋略和计策，让你的对手不战而屈。比如在碰到挑剔的客户时，要学会从客户角度去思考，学会换位思考，把自己放在客户的立场去考虑问题，看看自己在哪个方面出了什么问题，是不是没有进行有效的沟通，发现双方利益的最佳平衡点，然后寻求一个最好的解决方案，达到双方利益最大化。

跟不同性格的人进行相处，必须多对对方进行一些了解。人们在相互交往中，可能会有这样的体验，如果对一个人不了解，就会使得双方在感情上产生距离。一个人性格的形成，往往跟他生活的时代、家庭环境、所受的教育和经历遭遇有关。所以在考察一个人的性格时，最好也要了解他性格形成的原因，这样就可以理解他、体谅他、帮助他。慢慢地就会相互增进了解，甚至可能还会成为朋友。

任性型性格的人很在意人们对他的尊重，所以与任性型的人打交道时，一定要注意尊重对方，但不要言不由衷，要用准确的语言肯定对方的长处，同时应注意尽量选择对方心情比较愉快时与之交谈。与敏感性格的人打交道时，应尽量谈正事、谈大事。可围绕着对方所熟悉的专业展开话题，切记不要涉及对方的感情、家庭等私生活方面的内容，也不要涉及有关伤及对方自尊心的话题。不要与敏感性格的人发生借贷关系，也不要被他表面上满不在乎的样子所欺骗。与敏感性格的人交谈，尤其是注意放低自己的姿态，对其谦虚崇敬是不可少的。

一般情况下，情绪型性格的人很难驾驭，而偏偏又特别热情，爱交朋友。如果你看起来冷漠无情，对方就会觉得你瞧不起他；如果过于热情，或许他可能又会因为不开心的事而发脾气。所以，要小心维持着彼此关系，保持不远不近、不冷不热的距离。与这种性格的人交往，应该多听听对方倾诉苦闷，可能的话，多给对方带来一些乐趣，多关心对方的痛苦，如果关系较为密切，可适当批评其不健康的精神状态，对其所担心的事，主动为其撑腰壮胆，但不管怎么样，都不要讥笑、瞧不起对方。

在与信赖型性格的人打交道时，务必要诚实，不要说话不算数，不要办事设埋伏。尽管信赖型性格的人很宽容，但是谎言和欺骗对于诚信的人是公道的，尤其是喜欢拿说谎开玩笑的人，千万不要对信赖型性格的人开说谎的玩笑。有坚忍型性格的人谈话多谈正事，没工夫扯闲。与坚忍型性格的人交往，应忠诚老实，不宜扯谎、打埋伏、耍心眼，因为坚忍型性格的人多为正派、诚恳。有条件的话，应该给予其思想、健康等方面的关心和帮助。

自信型性格的人犹如一本成功型的著作，应该好好去品读。有幸能与这种人打交道，好像你找到了一本能给你传递正能量的活的著作。跟他们打交道，应该谦恭些，并真正从他们身上吸取人生的经验。

对春风得意果断型性格的人，最好敬而远之，否则就会容易受到其羞辱。与果断型性格的人交谈要学会听，不要与其争论，即使他在教导你，也要谦恭地表示接受。另外，对于正处困境的人，应该给予关心和帮助。

　　总之，跟不同性格人的人相处，胸怀要宽一些，气量也应该大一些，要多些宽容。当然，我们说的待人宽容，不是不讲原则、没有底线的容忍，应该了解别人的兴趣和爱好，容忍别人生活中的一些小过失，这样才能和不同性格的人融洽相处。当与不同的人打交道后，就可以很好地掌握与人沟通的技术，就可以广积人脉资源。

　　性格不同的人，处理问题的方式往往也会不同，要学会求大同，存小异。我们要多发掘别人和自己之间的共同点，学会在不同中发现共同之处，就容易和不同的人相处。跟不同性格的人相处，要注意多发现别人的优点，取长补短。

　　两个不同性格的人在一起，由于对比明显，双方就可能很快发现对方的长处和短处。发现了别人的短处之后，用正确的方式给别人指出来，并且提一些可行性的建议。世界上一切事物不可能尽善尽美，每个人在思想和性格上都存在缺点，我们对人不能求全责备，谁要想寻找没有缺点的朋友，那肯定是无法拥有朋友的，在与自己性格不同的人交往过程中，要善于发现别人的长处和优点。这样，大家不仅可以和睦相处，还可以有所补益。

　　在与不性格的人进行相处时，要注意讲究方法。俗话说，一把钥匙开一把锁，对于不同的性格者，也就需要区别对待。当然，也不是要"见人说人话，见鬼说鬼话"的世故圆滑，更不是逢场作戏的玩世不恭，而是要看清每个人的不同性格特点，并且针对这些特点采取因人而异的态度。人们常说，江山易改，本性难移。人的性格是在生理素质基础上，在社会实践中逐渐形成的，有一定的稳定性，是不容易改变的，所以，我们自己也难以改变自己的性格。当然，人的性格是不断发展的，也可以有所改变。我们常常看到有的人本来就很脆弱，但是经历了一些重大变故或意外打击以后，艰难的生活对他的磨炼，会让他变得坚强起来。同样的道理，如果我们努力提高自己的认识能力、思想水平和道德修养，就能克服一些性格缺陷，培养和锤炼出良好的性格。

现实生活中，人际关系好的人，可以通过借力来实现自己的目标；而人际关系恶劣的人，在抵达目标的路上得到的只是阻力。为此，我们应设法让自己拥有良好的性格。

人的性格主要是在与他人相处和交往中发展而形成的，也是在与他人相处与交往中得以显现的，所以，了解一个人的性格，基本就能了解他的人际关系状况。人们常喜欢将得志和失意归咎于他是什么性格的人，其实成功的人生并不只偏向于某种性格，只要多一点自信，你的眼睛、你的耳朵和你的心就会随时打开，在与人交往的过程中，就会去听、去看、去感觉、去思考，这样，就会让人生越来越多姿多彩。

孔子说，少成若天性，习惯成自然，说得就是小时候养成的习惯，决定了他有什么样的性格。世界上的事物本来就千差万别，可以说世界上没有完全相同的两片叶子，我们能认识到这一点，就能容忍相互之间的性格差别，就不会抵触与自己不喜欢的人打交道。

共进午餐是拓展人脉的好机会

> 生活中我们不难发现，很多成功的人士，有很多与人打交道的机会，而他们在与人打交道的方式就是共进午餐。而且平时他们也喜欢与熟悉或不熟悉的人一起用餐，并抓住难得的机会与对方交谈，交流彼此的经验和想法，从中吸取营养，为自己的事业增添砝码。

有钱人懂得利用午餐时间去倾听另一个世界，会把自己的视线投向自己专业领域以外的地方，去接触那些新鲜的、自己不曾接触过的领域，不但可以扩展自己的见闻，而且还能从中得到灵感，尝试着如何将不同的领域进行结合。在职场，最常使用的客套话就是，一起吃个午餐吧！所以总会在不假思索的情况下，一起吃午饭就成了一种习惯性的提议。

我们可以想想看，对于那些没有好感或是普通的朋友，分开时总会说一句"好，下次再见"，但那些初次见面就产生好感、谈得来、希望进一步接触者，就会不自觉地说一句"希望能找个时间一起吃午饭"。所以，"一起吃午饭"的提议，体现了一种彼此亲近的关系。

中国人历来重视人与人之间关系的搭建和沟通，并把熟人关系作为一种工具，从中获得更多的信息和利益。这也就使得人们的生活领域与工作领域的界线很不明朗；使得熟人可以凭借关系和门路进行活动，与社会法制中的规范约束的界限变得那么模糊。即使社会的制度化有着很明显的制约，但是社会中依然运行个人的关系理论，业务工作的开展依然凭借熟人关系而进行。所以，在社会生活中，熟人社会中的关系网，会战胜许多由专业领域和正式组织领域产生的原则和制度。熟人之间基本的网络关系，又让工作和吃饭成为更紧密的连接体。人们通过各种饭局，不断地延伸关系网络，以获得新关系，巩固老关系。这也就凸显了饭局的重要性。所以在今天的生活中，越来越多地从人们口中脱口而出，成为交际中的"口头禅"，所以当有人说"请你吃饭"，不代表真正去聚餐，而可能是在向你展示客套。

生存离不开"吃喝"二字，今天吃了明天仍要继续，今日的需要满足后，明天的需求还会重现。因为这种活动是属于人类的共性，所以并不怕重复，有了这样的特点，就可以不间断地去拓展关系，今天不行，明天行，在不停的交往中，关系自然而然就加深了。由此可看出，人际关系的互动需要频繁的交往，而饭局为这种互动提供了最佳机会，毕竟饭桌的氛围相对轻松，人们可以畅所欲言，通过语言的你来我往，彼此很快就能相互了解、熟识。而且，饭桌上不可缺少的关键要素，就是古老而又充满文化气息的酒，它能够促进彼此感情的交融，加速思想的传达。在这种催化剂的作用下，使人们很容易进入忘我的状态。从陌生到熟识，从熟识到亲密，就使得饭局日益成为工作的第二场所。

关系网、社会资源、人脉越来越被人们看重，而餐桌文化的不断兴趣化，二者的一拍即合，就成为国人目前最流行的社交方式。人们可以在饭局社交中相互联系，相互帮助，互通信息，互相依存，就形成了饭桌上的"熟人同盟"。因此，就有了"一切情谊尽在酒中"、"酒逢知己千杯少"、"谈事儿要饭局，没事儿更要饭局"等一些耳熟能详的流行语。但是饭局文化也带来很强的负面效应，最显著的就是铺张浪费。而那些"疲于奔命地赶饭局"、"没完没了的应酬"等，也就成为很多人苦恼的事，也使得很多人因为饭局社交而患上社交疲劳症。

有些人羡慕别人获得成功、聚集大量的财富，总觉得他们是因为占尽了天时地利人和，运气来了，挡也挡不住，但却不知道他们如何去付出，其实想想就不难发现，为什么成功只亲近于他们却不亲近于你？关健是他们拥有不停探索成功之路的热情和主动。有些事情，可以去忽略主管者本身，而是利用手中的资源，来达到他们想要达到的目的。当然，这种资源也不是随随便便就可以发出去，必须要以符合政策法律为前提。而酒桌上的应酬是否到家、氛围有没有到位，直接影响饭桌交际的效果。在很多商务社交中，如果一个人拒绝到酒场，可能会自毁前程。所以对于饭局公关的"摧枯拉朽"的神效，人们一边在批判着，一边又在享受着它带来的好处，饭局也就成为职场、官场、商场中联络情感的重要形式。

2006年8月18日，李伟创办的思念食品有限公司在新加坡证交所主板正式挂牌，这是中国速冻食品行业首家在海外上市的企业。

1990年，从郑州大学新闻系毕业的李伟踌躇满志地做过公务员、记者。几年后，他辞职下海，曾卖过芝麻糊，做过苹果牌牛仔裤代理商，开过电子游戏厅。他说他对经营新项目有着特殊爱好。1996年，李伟才真正找到一个发展的契机，当时联合利华生产的"和路雪"冰淇淋，开始在北京、上海、广东等大城市热销，"百乐宝"、"可爱

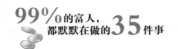

多"、"梦龙"、"千层雪"等冰淇淋一支价格在4元左右，利润空间非常大。他就想着做"和路雪"的河南总经销。当时李伟很想做这件事情，就这一简单的想法却给他以后的发展带来了无限的商机。

由于当时"和路雪"刚刚进入中国市场，只是在一线城市销售，像郑州这样的二线城市，根本不在联合利华的考虑范围之列，所以当李伟跑到"和路雪"设在北京的总部，要求做河南总经销时，对方工作人员根本没予理睬。

执著的李伟没有气馁，先后到北京跑了不下10次，李伟锲而不舍的诚意把对方感动，"和路雪"总部开始对郑州市场进行考察和评估，在对方到郑州进行最后一次考察时，李伟向朋友借了2000元，在郑州最高档的酒店请对方吃饭，甚至不惜投其所好与一帮哥们儿在餐桌上绞尽脑汁跟对方大侃足球，结果让对方心花怒放，当场决定让李伟试试。

这一试就一发而不可收拾，李伟通过经销"和路雪"积累了一笔可观的财富，为他后来进入速冻食品业提供了条件。当时"和路雪"在河南给李伟配备了5辆冷冻车，并建造了上千立方米的冷库，这都为他后来涉足冷冻食品行业，创造"思念"品牌打下重要基础。

2000元换回的是成功，让人觉得可能有些不可思议，可是李伟却做到了。通过经销"和路雪"积累的财富创造"思念"品牌，并在新加坡证交所主板正式挂牌，成为中国速冻食品行业首家在海外上市的企业。

饭局社交可以依靠"自家人"的心理俘获人心。当人们往饭桌前一坐，脱下古板的西服，解开拘谨的领带，就会把谈判时的剑拔弩张和硝烟弥漫赶到一边去，取而代之的是没有势利感、类似于家庭气氛的场面。这种场面让人的心情放松，当然就可以趁这种气氛拉近彼此的距离，从而建立良好的人脉。

人们总会不自觉地通过愉快的感觉和正面的态度与美食联系在一起，例如把高兴形容成"像吃了蜜一样甜"，有了这样的蜜，人的关系当然会变得更加通融，谈什么事都不会觉得困难。所以在吃饭时，人与人更容易沟通。因为吃人嘴短，当吃了别人的饭时，处于一种补偿的心理，也会降低心理底线，应承下对方所提出的要求，即便是那些平时看来不合理的要求。但要想拥有成功的人生，就要注意有选择地结识那些有价值的朋友，尽量回避那些没有价值的人际关系。如果能做到交到一个人，就交到一个新圈子，那才是交友的最佳境界。

饭局是人们给交易穿上感情的外衣，常被人所不齿，但是现实社会需要崇尚交情，这种交情说到底也是一种互通有无的交换，只是在推杯换盏、气氛融洽的酒桌上完成，可以突出朋友之间的情谊，淡化势利地互换的弊端，这样彼此都容易接受。

在饭局上，人们可以一边吃饭一边聊天，聊天过程中自然会形成一种亲密的气氛。如果吃饭的场所选择在包厢里，在一个独特的空间里，几个人围坐在一起吃饭，方便人与人之间近距离的交流，而且在这种封闭的空间里，谈话方式和内容随心所欲，不易受到外界环境干扰。现实社会中，很多高阶层的资讯交流，便是在这种餐会上完成的。

中国自古就有礼仪之邦之称，人与人之间极其讲究"情"字，所以就有了"生当陨首，死当结草"、"女为悦己者容，士为知己者死"的说法。而如今聪明的人，就会利用感情去投资。提高自己的人气指数。这样可以使人们相互信任、相互帮助，以让人毫不设防的姿态，让对方备感温暖的情况下，使很多事情变得人性化。

如果生活中总是抱着不想向人妥协的清高思想，那么肯定会对你的事业造成致命的打击。所以，适当地放下架子，融入到人群中，或许会让你找到更多的生活乐趣，看到更多成功的希望。许多人觉得饭局往往是地位低、人脉资源少的人在向地位高、人脉资源多的人寻求关照的手段，于是对此不屑一顾，这是不正确的。其实，不管在饭局中处于什么样的角色，只要能与对方进行有效沟通，都可以增进各种私人关系。

感情是一种双方交流的心理现象，有所给予才会有所收获。英国作家萧伯纳曾经说过："倘若你有一个苹果，我也有一个苹果，而我们彼此交换这个苹果，那么你和我仍然只有一个苹果。但是，倘若你有一种思想，我也有一种思想，而我们彼此交流这些思想，那么我们每个人将会有两种思想。"聚会时肯定不止一个人，所以现场不止有一种思想，而是有很多思想，如果大家彼此分享这些好的思想，那参加聚会的人就能获得各种有益的意见或建议，从而为实际行动提供理论指导，最后获得更好的发展。

无论你现在的境况如何，千万不要抱怨自己没有背景，没有家底，应该想着如何去拓展人脉关系，巧妙地编织一个助你成功的人际关系网。

学会在别人背后说好话

学会背地里说别人的好话，是一个人有智慧的表现。那些富人似乎总懂得赞美别人，当别人取得成功，他们通过赞美别人，让别人体会到幸福，也让自己获得心灵上的满足。同时，为别人说好话，可以获得更好的人缘，并借助良好的人际关系收获成功。

生活是由许多看不见、摸不着的细节组成的，而绝大部分的细节像我们每天落下的数以万计脱下的皮屑一样，人们没觉察到它的存在，便消失得无影无踪。而这些不起眼的的细节或许会帮助我们，或许会伤害我们，所以，认清那些影响我们成败的细节，显得十分重要。

在日常的生活中，大家都很清楚说人闲话的人不少，当闲话传到被说之人耳中时，就会引起听者愤怒的情绪，轻则与闲话者理论，重则会绝交，结果就会产生不必要的麻烦。但是，如果背后说人些优点，可能会有意想不到的效果。所以人们要引以为戒，尽量克制说人闲话的行为，开阔接纳别人的胸襟，培养适时说别人好话的品质。

在背后赞美别人是一种很巧妙的处世技巧，传出的话会让人觉得真实可信，再加上会话者的添油加醋，达到的效果可能会更好。所以，如果想让矛盾朝好的方面发展，就不要再当众去触发它，那些当面的批评和指责，不但没法解决问题，而且还会让当事人产生更大的不满和抵触情绪。但如果有赞美，情况会大不相同，喜欢听赞美是一个人的天性，用背后赞美的方式去激励别人，不但可以改变别人对我们的看法，而且可以缓和矛盾，消除事件中不利的影响。在日常的交往中，要学会说好话，让你的赞美使人觉得更可信，在崇尚含蓄的东方，当面的赞美所达到的效果不会很明显，而直接去赞美难免让人产生恭维的嫌疑，不但让对方感到不足，或许还会让对方怀疑你的动机和目的。而通过背后的间接赞美，往往可以达到良好的效果。还是俗话说得好，良言一句三冬暖，恶语伤人六月寒。

卡尔上初中后，由于受父亲去世的影响，学习成绩逐渐下降，他的妈妈苏珊想方设法帮助他，但卡尔却不愿跟她沟通，她越是想帮他，儿子离她就越远。当学期结束时，卡尔的成绩单上已经显示他95次缺课，还有6次不及格。以这样的成绩，卡尔可能连初中都毕不了业。苏珊想了很多办法软硬兼施，威胁、苦口婆心地劝他甚至乞求，并带他去学校的心理老师那里咨询，但仍然无济于事，卡尔仍然是我行我素。

一天，苏珊接到一个自称是卡尔学校的心理辅导老师的电话，老师说，我想跟你谈谈卡尔缺课的情况，老师刚说了这一句话，苏珊就有一种想倾诉的冲动，并且很坦率地把自己对卡尔的爱，对他在学校里表现所产生的无奈，以及自己的苦恼和悲哀，一股脑地向这个从未谋面的陌生人吐露出来。苏珊最后说，我很爱我的儿子，可我真不知道该怎么办。看他那样子，我知道他还没有长大，但他的确是一个好孩子，我相信他只要努力，他一定会学出好成绩，我相信我的儿子是最棒的。

苏珊说完后，电话那头一阵沉默，然后那位心理辅导老师很认真地说，谢谢您抽时间跟我通话。说完便挂了电话。当卡尔的下一次成绩单出来以后，苏珊看到他竟有了明显的进步。后来卡尔一跃成为班上的前几名。一年后，卡尔升上了高中。在一次家长会上，老师介绍了卡尔从一个差生向优秀学生转变的过程，并夸奖苏珊教子有方。这让苏珊感到很得意。

开完家长会后，卡尔和妈妈走在回家的路上，彼此进行交流时，卡尔问苏珊说，妈妈，还记得一年前有一位心理辅导老师给您打电话吗？苏珊点了点头。

那就是我，卡尔承认说。我本来想跟您开个玩笑，但听到您的倾诉，我感到非常震惊，更让我难过的是我伤了您的心。从那时我才意识到，爸爸去世以后，您是多么不容易！所以我决定，一定要让您为有我这样的儿子而骄傲！卡尔的一席话，让苏珊心里顿时充满了温暖。

人总是有感情的，苏珊一席真切感人的话语，让尚在迷途中的卡尔突然醒悟，通过那次通话，卡尔认识到母亲多么不容易，她的担心都是因为自己的任性造成的，所以他要改变自己，一跃成为班上前几名的学生，并且在一年后升上了高中，还得到了老师的认可。卡尔用自己的实际行动证明，自己的确能成为妈妈引以为豪的儿子。

可以去设想下，当听到有人对你说，某某人当着他的面说了你许多好话，你的心里当然会很高兴。但如果当面去说就显得很平淡，或许会让你感到有些虚假的成分，不自觉地对方对的真心产生怀疑。

所以在背后说别人的好话，是会做人的一个细节，话虽然好听，但当面说和背地里说的效果却不一样，当面说就会有奉承、讨好的嫌疑，而在背地里说时，却会认为是发自于内心的好话，不会带有任何的动机，绝不会对赞美的诚意产生怀疑。喜欢听好话就是人的一种天性，当来自于社会、他人的赞美满足其自尊心和荣誉感时，就会情不自禁地感到愉悦、受到鼓舞，并对说话者产生亲切感，当然就会拉近彼此之间的距离。人们之间的关系就会因为一句话而缩短、靠近，也就为以后的成功打下了良好的基础。

在职场上可以发现，那些人际关系搞得不好的人，往往有背地里说别人坏话的习惯。如那些有城府的人，当面不说别人的不是，但是背地里添油加醋，然而没有不透风的墙，说出的话迟早会传到被说者的耳朵里，当然就会使彼此的关系产生隔阂，但如果能做到别人背后说些好话，定会是另一番景象。背后说别人的好话，远比当面恭维别人效果好得多。只要是背后的话，不管是好还是坏，总会很容易传到对方的耳朵里。

所以，在职场中，每天频繁与同事、上司共事，如果学会背后说好话，你将会更好地与人相处。例如有些好话不方便当面对同事和上司说，而且有拍马屁、讨好之嫌，就会招来周围人的轻蔑。而且好话说得太高调，很容易产生不利的效果，更有甚者会让上司脸上挂不住。但如果在背后对上司吹捧一番，你对上司赞美的话一定会通过某些渠道传到上司的耳中，上司会很欣慰，你受重用的机会可能就会来临。

李果和王勇都在杂志社工作，他们两个是工作搭档，虽然都十分有才华，但每次开展工作的过程中，总会因为某些事而产生分歧。

一次上班时，王勇突然发高烧，李果赶紧放下手中的工作，用自己的车把王勇送到医院，帮他挂号、看病，看完病后又把他送回家休息。王勇当然很感激，病好后，除了当面谢了李果外，还在背后说了不少好话，"李果是一个非常热心肠的人，我发现大家几乎都得到过他的帮助"、"李果真的乐于助人，心肠好，那次发高烧多亏了他，要不是他放下手头的工作，亲自开车把我送医院，我真不知会受多大的罪呢！"

后来这些话就慢慢地传到了李果的耳朵里，他是那种很不在乎的人，自己已经忘了的事，却没想到王勇还一直在挂在心上，并处处说他的好，就一下子对王勇有了特别的好感。后来在讨论方案时，态度也不会那样生硬。而王勇看到李果退一步，他也不想再较劲，两人渐渐地就由同事变成了好朋友、好哥们，合作也就变得更加融洽。这样，他们两个在公司里，也变得更受欢迎了。

李果的"热心"事迹传到了老总的耳朵里，在年终总结会时，老总很热情地表扬了他，而王勇也成了知恩图报的侠义之人，当对方遇到什么困难时，大家都愿意提供帮助。

在人际交往中总是有着这样一条规则，在判断别人的同时，你也一样受着判断。而那些只会说别人的坏话、挑别人短处、指责别人错误的人，只会让人感到他为人过于苛刻而难以与其相处，其品质恶劣总会让人厌烦。所以说，如果你总是说别人这不好、那不行，只能说你不善于与人相处，问题出在你的身上。别人就会通过你的行为，来断定你的为人。比如张三和李四都在王五那里议论了对方，但张三说的是好话，而李四说的是坏话，就会让王五有了思考，会觉得李四这个人很不地道，人家张三在背地里赞扬人，你却背地里贬损人家，就

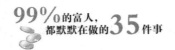
会对李四产生不好的感觉，而这一比较，就会提升张三做人的境界。

在《红楼梦》里，史湘云、薛宝钗劝贾宝玉为官作宦，贾宝玉大为反感，对着史湘云和袭人赞美林黛玉："林姑娘从来没有说过这些混账话！要是她说这些混账话，我早和她生分了。"凑巧这时林黛玉来到窗外，无意中听见贾宝玉说自己的好话，不觉又惊又喜，又悲又叹。后来宝黛两人互诉肺腑，感情大增。

大多数情况下，要坚持背后说别人好话。我们都有一个习惯，就是对别人当面说的不是很感兴趣，而更要清楚他背后是怎样说的；同样，你要坚持背后说别人好话，别担心这好话传不到当事人的耳朵里，要善于借第三者的口传达自己仰慕之情、赞美之意。坚持背后说别人好话，如果这个"别人"是朋友，会有效增加你在朋友心中的信誉；如果这个"别人"是对你有敌意的人，就会让他对你的敌意有口难言，也无法在众人面前败坏你，因为你从没在外人面前说他不好。

哲学家洛克说过："人最低层次的自由，是能向别人说说知心话。"适当地和朋友沟通，不但是在给心灵除毒，能让那些不开心的事、那些挥之不去的压力一并发泄出去，而且还可以拉近你和朋友之间的距离，为你构建心灵的支持网络。敞开心扉沟通交流，是建立友谊的法宝，而跟别人建立特别亲密的关系，最好的方式是分享他的秘密。如果能找到和朋友沟通的契合点，彼此愿意说心里话，坦诚地谈论自己的想法、看法，既能获得朋友的帮助，又可以增进朋友之间的友情，加强彼此之间的理解。不过，现实中这样的真心朋友并不多，所以说话时要注意：勿道人短，勿炫己长；不矜己功，不谈人非；不夸己能，不扬人恶。也就是不在人前夸自己，不在背后论人非，不要随意背后说别人的缺点。

说好话，这个"话"是一个人心念的体现，而心念是他与周围环境的精神交流，好话是一种善意的精神交流，会产生巨大的正能量，而背后说别人好话，更能放大这种价值，对彼此之间的关系起到推动作用。当然，背后说人好话，需要肚量和境界。因为只是夸赞别人，对方不一定能知道，所以有人就会认为，自己抬举了别人，别人却不一定能领情，所以很多人想要夸赞别人，但不一定会表达出来。所以当面说人好话并不难，难的是背后依然坚持说人好话，对大多数人来说，背后不说别人坏话就很不错了，要是说几句好话那就更难得。

第二章
CHAPTER 02

注重细节，微小之处见真章

英国诗人布莱曼曾说："一朵花里窥天堂，一粒沙里见世界。"从细小的环节中，可以透视芸芸众生，其中就包括一个人的素养。在平时生活中，严格要求自己做好每一个细节，尤其在与他人交往时，从细微之处入手，更能体现出你的体贴、你的真诚、你的修养品行。那些富有的人，无不注重为人处世的细节，比如约会从来不迟到；伤害到别人，给别人说声"抱歉"等。所以，在通往财富之门的道路上，只有注重每个细节，才能在前行道路上更加顺利。

如果可以选择，永远都要坐在第一排

> 许多人都会持这样的心态，开会时选择第一排的位置很不明智，而坐在不起眼、不引人注意的地方，倒显得低调些。而英国前首相撒切尔夫人的父亲阿尔雷德·罗伯兹却说，养成当第一的习惯，比其他人先行动，不要落后于别人，即使是搭公车，也要挑前面的座位。

由于个性的腼腆，或不想与人沟通，或心理封闭，人们很多时候不去选择坐第一排的位置；也有人担心被别人误解，坐第一排的位置是为了讨好领导、故意引起领导注意，所以也就不会选择第一排的位置；有的人认为第一排的位置只有资格老的人才能做，那是重要位置的象征；还有的人觉得坐到最后，就可以远离别人视线，不容易被别人注意，自由而又安全。这些都是现实中常见的想法，而那些有钱的人反而不这样认为，他们觉得坐在第一排不但是一种形式，更是人生的一种积极态度，让自己有一份敢于争先的勇气，让自己充满自信。

一个集体，总有人坐到第一排，而大多数人还是要坐在后面。如果不是因为人前排没有位置，可以自由选择的情况下，倒不如选择第一排。当然，坐在第一排总会有一种无形的压力，但很容易被别人看到。人在社会中总是扮演着不同的角色，总会不自觉地对其和周围的人进行排序，当一个人身边聚集了许多成功者、富人时，也就让他有了更多的成功机会。那么，如何取得这样的机会呢？就需要在参加任何一次会议时，争取选择坐位到第一排。相信站在讲台上的，一般都是非常优秀的人，离他们越近，越可能与其结识并成为好朋友。

20世纪30年代，英国一个不出名的小镇上，诞生了一位名叫玛格丽特的小姑娘，她自小就受到严格的家庭教育。她的父亲经常向她灌输这样的观点：无论做什么事情都要力争一流，永远做在别人前面，而不落后于人。即使是坐公共汽车，也要永远坐在第一排。父亲从来不允许她说"我不能"或"太难了"之类的话。

在父亲的"残酷"教育培养下，玛格丽特具备了积极向上的决心和信心。在以后的学习、生活和工作中，她也时时牢记父亲的教导，总是抱着一往无前的精神和必胜的信念，尽自己最大的努力克服一切困难，事事必争一流，用自己的行动实践着"永远坐在第一排"。

玛格丽特上大学时，学校要求学生们上五年的拉丁文课程，她凭着自己顽强的毅力和拼搏精神，只用了不到一年就全部学完。信念不但使玛格丽特在学业上出类拔萃，在体育、音乐、演讲及学校的其他活动方面，她也都一直走在前列，成为学生中的佼佼者。

40年后，英国乃至整个欧洲政坛上出现了一颗耀眼的明星，她就是1979年成为英国第一位女首相的玛格丽特·撒切尔夫人。她雄踞政坛长达11年之久，被世界政坛誉为"铁娘子"。

良好的习惯总是从小形成的，从小养成争第一的习惯，使得玛格丽特具备了积极向上的决心和信心，抱着一往无前的精神和必胜的信念，以自己最大的能力克服困难，事事争一流。她不但在大学时一直走在前列，成为学生中的佼佼者，而且以后走向政坛后，成了一颗耀眼的明星，也就有了叱咤风云的"铁娘子"，有了英国第一位女首相。

永远坐在第一排，体现的是对人生的一种积极态度，而这种态度是每一个成功的人所具备的。始终保持着饱满的激情、强烈的自信和积极的人生态度，就会以坦然的心态去面对困难，并想办法去克服。有了自信和乐观的人生态度，才能犹如帆船在大海上乘风破浪，搏击过所有的风浪后，抵达预定目的地。而如果人没有自信与乐观的态度，如大海中没有航标的船只，根本不知该在哪里靠岸，成功也就无从谈起。所以说，如果人缺乏自信与积极乐观的态度，生活就没有快乐，生命也会显得没有意义。

人的一生不可能一帆风顺，所以总会在不同的阶段遭遇一些坎坷和挫折。当面对这些坎坷和挫折时，是前进还是后退，是站起还是倒下，取决于你拥有什么样的态度。如果总是怀疑自己的能力，就会被自卑感所控制，就注定会一事无成，但如果拥有了自信，你会积极地寻找解决问题的方法，有了理性的思维，问题就会迎刃而解，就会获得成功。天行健，君子以自强不息。这就要求人要有一个积极向上、自强不息的人生态度。

在现实生活中，每个人总觉得自己的想法是最好的，但事实却非如此。但必须相信，不管生活中处于顺境还是逆境，都存在着机遇。人生之事不会十全十美，要敢于去挑战最极恶的环境，在困厄中认识自己，客观评价自己，从而锤炼自己，完成对人生的升华。境由心生，感因心起，不管是人生中有多大的事，每天要有一个美好的开始，保持着乐观自信的心态，就可以度过一个个普通却不平凡的日子。用乐观的态度、豁达的胸怀，成就自己的事业、成就自己的人生幸福。有了自信、乐观的人生态度，眼里所看到世界的一切都是欢乐而美丽的。人们要知道生活中的乐与苦，适时享受那些开心的事，并懂得如何去处理各种不尽如人意的事情，即使在艰苦的环境中仍然可以保持乐观的心态。

在首尔的某所女子大学里，一位学生已经年过六旬，由于她比教授的年龄还长，所以被学生和教授们称作"老师"。

1962年，她曾经进入过大学，但是因为家贫早婚，迫于学校禁婚的规定，只能放弃学业。结婚后，她成为丈夫的太太和两个孩子的妈妈，生活过得很平凡。后来她听到学校已经废除禁婚规定后，使她年轻时所放弃的梦想再度浮现脑海，便又重新复学，如愿以偿地回到了她阔别43年的学校。

她已经是年过六旬的老人，一边读书，一边与相差四十岁以上的同学竞争，当然会显得很吃力。在一般人眼里，能拿到毕业证就已经很不错了。可是这奶奶大学生在复学后的第二个学期，在所有的科目上已经都拿到了A，实在让人觉得不可思议。而教授们也没有特别对她照顾，取得这样的成绩是她自己努力的结果。

奶奶大学生在接受媒体访问时，说出了自己取得优异成绩的秘诀，她说我每次上课都是第一个到教室，而且坐在第一排。上课时我会打开录音机放在桌上，将三小时的课全部录下来，然后用四十八小时的时间边听边读。

60岁的奶奶大学生，能取得如此斐然的成绩，真让人不得不佩服，而她话里透露出所谓的"秘密"，不就是她积极的人生态度吗？第一个早到教室，而且坐在第一排，为了能理解课堂内容，她使用录音机录音。有这样勤奋、自信、敢于肯定自己的态度，她怎么能不成功呢？

坐在第一排容易被人关注，为何就不借此把自己推销出去？推销目的是让别人能接受你、肯定你，接受你的理念、做事的方法、推荐的产品等。一个人得到别人的认可与配合，就能取得成功，如果理念被别人接受，就可以使工作与沟通非常顺畅地进行下去，并且在进行中很顺利地完成。所以一定要破除心里的不利因素，大胆地把自己推销出去，让自己的理念、人格、做事方法被别人接受、肯定，不但可以在做任何事时都得心应手，而且可以为自己创造更大的机会，让你的言谈举止、社交能力、学识修养很全面地展示在别人面前，给别人留下良好的印象，同时有效地改进自己，以顺应社会。

推销自己就是推销自己的能力，在各种各样的细节上，展示自己的品德和价值。聪明的人推销自己，就好比销售员拿出适销对路的商品满足客户一样，通过人们的反映及时调整自己，总结经验，吸取教训，不时地改进自己，以获得更大的收益。自我推销，就是选择一种好的人生态度，一种与人相处的处世艺术，但要将推销自己作为一种手段而非作为社交目的，如果只是一味地推销，那将得不偿失。

斯迈尔斯说，碰不到机会，就自己来创造机会。展现自己就是创造机会的过程，抓住机会，不管是内向者还是外向者都有成功的可能。所以内向者也不要自怨自艾，勇敢地把自己展现出来，大胆地推销自已，如果你不向别人展示自己，谁也不知道你是否优秀，当然，金子到哪都发光，但光的亮度只有经过擦拭后，才会更加耀眼。所以，人生就是一个推销的过程，而我们自己本身就是被推销的商品，是这个世界上最宝贵的产品。

坐在第一排总会给我们带来压力，所以处在这个位置时，我们总会让心无旁骛地努力。适当地给自己一点压力，多些风险的意识，不固步自封，加上自信的支撑，就不会害怕失败。人生本来就有输有赢，没有绝对的输赢。给自己一点压力，就能够使自己的人生有一种超越，更努力地朝自己梦想的方向努力。但压力不要过大，如果超出所能承受的范围，就可能让自己走向崩溃的边缘。所以压力可以有，但不能把自己压得太甚，人活着就要活出自己，用快乐去感知、欣赏生活的美景，不要停步不前。当感觉累了时，可以小憩一会儿，去看看前面的风景。

压力是一把双刃剑，适当的压力会转化为动力，能催人奋进，激发人们的工作热情，使个人的自我价值得到充分体现。反之，没有压力，就会导致积极动机不足、自我价值感来源不足、注意力空置等不良的心态。适当给自己一点压力，就会发现有很多有意义的事情在等着我们做；适当给自己一点压力，我们就会用心完成曾经定下的一个个目标。

人们常说，态度决定高度。一个人的处世态度，决定着他的发展高度。所以坐第一排不仅仅是一种形式，更是一种积极向上的人生态度。这种人生态度催促着人们凡事都要争先，在追求的过程中，让自己拥有超强的自信、一往无前的勇气和争创一流的精神。也许很多人是因为没有宏伟的理想而不想坐第一排；也许有人想坐第一排，但却没有太多的机遇；其实这都不是理由，那些真正成功、有钱的人都是树立自己的理想，永争第一，始终坚持不懈地努力，在追求的过程中养成优秀的习惯。

常人眼中的那些"暴发户"，其实并非一夜暴富，而是在"暴富"之前付出了无数艰辛，只不过别人没有看见而已。所以，在漫长的人生道路上，一定要有"永争第一"的精神，用饱满的热情在人生道路上不断前行，向着富人的方向奔跑，最后达到事业的顶峰！

守时，成功之士必备的素质

> 在生活和工作中总是离不开约会，谈恋爱时会与情人约会，谈工作时会与同事约会，谈生意时会与客户约会……赴约有一个重要的原则——守时。守时是对别人的尊重，是一个人诚信的体现，是获得别人认同的前提，所以，无论什么样的约会都要按时赴约。

无论做人、做事，守时是每个人都应具备的素质。如果与人相约会面，不要让所有的人到最后只等自己一个人，要知道，等待的过程是最煎熬的，也是最漫长的，是一种不道德的行为。因此，我们无论如何都要做到守时。

时间是最公平的，所有人拥有的时间都是24小时，所以不管是出于什么原因，迟到会让你不得人心。在现实生活中，每个人都在计算着自己的时间价值，浪费别人的时间就是等于浪费人家可能创造的价值。鲁迅曾说过，浪费别人的时间好比谋财害命。不守时，对方就会对你的信用产生削弱，而这种削弱一般很难挽回。所以，约会时守时是很必要的，这既节省了自己的时间，也节省了别人的时间。

那些有时间观念的人，非常重视守时。他们懂得时间不会因为自

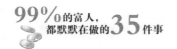

己放缓脚步而改变它的脚步。与浩渺无边的宇宙相比，人的一生好比是蝼蚁一般脆弱短暂，几十年春秋一眨眼瞬间就过去了。就拿这短短几十年来说，因为不守时，让时间白白浪费掉，会毁掉多少人成就美满的事业。人们常说浪费时间就是浪费自己的生命，而时间是每一个人的同时进行的，在浪费自己的生命同时，也在浪费别人的生命。所以人生匆匆，每一分钟、每一秒钟都极其宝贵，能守时的人，就是一个惜时如金的人，也必定会是个成功的人。

守时也是人与人沟通交流的另一座桥梁，没有谁愿意与一位不守时的人为友。而你的守时，将给对方留下你很值得信赖的印象，而且这种印象应该是很深刻的。因为对你有深刻的印象，当然就更愿意第一时间把你当做朋友，所以守时不仅可以让你节约时间，更能让你获得一份又一份难得的友情，这对于一个人的一生都非常有益。

日本前首相田中角荣，年轻时被一位姑娘深深吸引住了，他们开始恋爱交往。有一次，两人约会在一个水果店门前见面。田中提前几分钟就到了，他朝四下瞧瞧，眼前只有街道穿梭的人群，却看不见姑娘的人影。

田中翘首以待，左顾右盼，还是看不见姑娘的身影，时间一分一秒地过去了，对方仍然迟迟不来。田中由此而为空耗时间感到非常惋惜，也对对方的失礼感到有些恼怒。但他还是没有离开，想着再给姑娘半小时的机会。

他又等了半个小时，姑娘依然没有现身，直到第31分钟时，才终于姗姗来迟，不过，这已经超过田中所定的时间。虽然此时他看到姑娘赴约的身影，但他却没法再容忍她的不守时，便毫不犹豫地招手喊了一辆出租车，离开了。而那位姑娘见状，匆忙赶过来，这时只能眼看着田中上了出租车，无奈地离开了。

田中觉得这个女孩很不守时，不值得他爱，所以曾经让田中一度迷恋的姑娘，就这样从他的心里永远抹去了。

不知这位姑娘是有意还是无意，或许真是因为其他原因耽误了，就这让人看似不可思议的1分钟，就把一段美好的恋情扼杀了，这是很让人惋惜的事。但是并不是田角没有给她机会，只是她没有抓住机会，就这样无奈、无情地流走了，真不知姑娘看到田中登上出租车离开的那一瞬，心里会是什么样的滋味。

在人的一生里，能与其紧密联系在一起的就是时间，而有些人却不太注意它，缺少时间的观念，也就能得出这个人或许在其他各个方面也会是个失败者。一个不守时的人，总给人留下不可靠的印象，由此就会引发一系列的过失，所以时间是信誉、是感情、是幸福、是生命。古往今来大凡成功者，没有不是惜时、守时之人，许多文人墨客也由此留下了珍惜时间的美文佳句，一直流传不衰。时间是可以来衡量生命的，我们有效地利用了一分钟，就等于间接地让生命延续了一分钟。由此就凸显了时间的重要性。所以我们真没有权利去让别人白白等候，去浪费自己和别人的生命。守时是一种礼貌，是一种美德，是一种最基本的文明礼仪。

现实中往往有些人却很不守时，不能按照通知的会议时间到达会场，与别人约定的时间内未能出现在约定的地点，由于自己的工作不能按期完成造成他人的工作无法正常开展，这些现象在生活中经常发生，而迟到的人却总有万般的理由。那些开会迟到的人就会说，"我太忙了，还有大量的工作没有完成呢"、"本来来得挺早的，路上遇到了某某人，谈了一些工作上的事情"等，以这些借口来作为别人原谅自己的理由，但其实这种借口很难得到他人的谅解，因为你的不守时，耽误了大家的时间，加起来应该是以倍数计算的，所以，那又有多少生命让你给浪费了？因而，每个人都要学会善于合理安排自己的时间，分清事情的轻重缓急，就可以在工作中游刃有余，合理有效地利用时间。对于一个企业来说，不是员工上班时间越长越好，而是单位时间内创造出的价值越高越好。即使遇到非常重要的事情不能参加，也要提前给会议的组织者请假，不要因为你的缺席而让大家空等。

有A、B、C、D四位同学参加同学的聚会，离约定还有十分钟时，A来到约定的场所，也正如她预料的那样，B同学最早到来，在等着其他人。虽然B是大企业集团广告代理商的文字编辑，算是同学之中比较忙碌的人，但是每次同学聚会，她都会很准时。B打开笔记本电脑工作了一会儿，看到A来，就忙关上电脑陪她一起聊天。这时，距离约会还有一段时间，A同学和B同学就在约会地点耐心地等待另外两位同学。

超过约定时间半小时后，C同学急匆匆地出现，她一边道歉一边说："正准备结束工作时，突然被主管叫去，问了一些事情，真不好意思来晚了。"早到的两个人说："我们也刚到。"接着她们转移话题，便拨打电话给D。虽然D已经迟到，但没打任何招呼，接到电话，她很冷静地说："我马上到，你们先吃饭，我到附近时再打给你们。"

接完D同学的电话，在场的三个人异口同声地说："这是预料中的事。"同时准备去找餐厅，就这样，成了三人的聚会。后来，甚至连晚上的聚会，也把D同学给忽略了。

后来又一次聚会，A的好朋友K打来电话，问她："午休时间有空吗？我们找H一起吃饭去？"A很痛快地答应了，K问："要不要叫上D同学呢？"

A很不情愿地说："不要找她了吧，午休的时间那么短，她每次都不准时，到时候又要等她，说不定到最后咱们一起饿肚子呢！"

在这四个同学中，B同学是最准时的人，虽然她也是一个大忙人，但宁可把工作带到约定的现场，在等待的过程中进行自己的工作，也不会去浪费别人的时间，而D同学却不一样，她总是很理直气壮地说我马上到，也从来不为迟到而道歉。当这种坏习惯习以为常时，就会让别人产生一种抵制的情绪，所以在以后的聚会中就很容易被忽略。由此看出，守时对于一个人来说真的很重要，在很大程度上能表现出一个人的品行、修为。

卡耐基曾经说过，如果你想结交朋友和有影响力的人，就必须守时。没有一个人喜欢和总是迟到的人交朋友。或许一次两次找个合适的理由，能得到大家的谅解，但时间长了，就会遭到别人的嫌弃和厌恶，也就使得你的形象在大家心目中越来越差，让自己的不守时毁掉了他人对你的认可。不守时会错过很多机会，比如说心仪的工作、旅行的机会、亲密的朋友。守时是一种美德，在你尊重别的同时，也获得了别人的尊重，守时不能在短时间内养成，但只要现在开始培养，肯定能逐渐纠正坏毛病，减少无端的借口，成为一个守时的人。

有时间观念的人，总会因为无聊地过去一小时而后悔不已，就会想方设法地寻找运筹时间的方法。守时是职场中的基本要求，如果你正在寻找工作，面试时迟到了，不管有什么理由，都会给面试者留下不好的印象，被视为缺乏自我管理和约束能力。守时是纪律中最基本的一种，不管是上班还是下班都要准时，守时是信用的礼节，也是对一个人最基本的要求。

守时体现着一种素质，现代生活的快节奏，呼唤着人们的时间意识，使得守时成为现代人所必备的素质之一。当约好了时间，却不按点赴约时，就给别人一种被愚弄的感觉，尤其是在现代通讯工具给我们的工作和生活带来便捷的今天，如果做不到守时、准时，更让人难以认可。所以任何时候都要做到遵守承诺、按时到达要去的地方。不需要借口，也不需要具备例外，做到根本不难，关键是你的意识如何。即使因为特殊的原因失约，可以提前打电话通知对方，向对方表示你的歉意。看似很细小的环节，但它却代表了你的素质和做人的一种态度，如果你不尊重别人的时间，别人怎么把你的时间当回事呢？

现实社会中，很多人缺乏时间观念，上班迟到、工作拖延、无法如期交件，约会迟到等，这都是缺乏时间观念导致的后果。时间就是成本，刚踏入职场时，就养成时间成本的观念，这将有助于你提升工作效率，也会为你赢得更多的晋升机会。想要在企业中生存、发展，首先必须守时，一名好员工最基本的要求是记得遵守时间，不要无故迟到。

每天准时上班很重要，迟到是无法谅解的行为，因为这表示你做事懒散，尤其是对工作不够重视，这样的员工，想必老板不喜欢、同事也不会喜欢。然而，很多刚到公司的年轻人，常无视公司规章制度的重要性，虽然每天认真工作，但早上总是迟到，这实际是在挑战公司制度，那些纪律严明的公司是不愿意接收这样的员工的。

如果有一天你和老板约好在某地见面，但是你未准时到达，又没有充分的理由，那你在老板心中的印象会大打折扣。常常迟到、早退，对于你个人来说，无非是少领一点薪水，或接受领导一顿教育，而对每天不停运转的公司来说，因为你不守时，会让事情变得杂乱无章，影响全体成员的工作进度。这样的人，不可能获得同事喜欢，更不能让老板信任。

有人说，约定是获取对方信任的一种证明，如果不能遵守约定，就等于在窃取对方的时间。在时间就是金钱、效率就是生命的社会里，不要认为偶尔的迟到只是小毛病，那样会在别人的眼里落下缺乏责任心、事业心和上进心的印象。严格守时，能够在无形中树立你的诚信和人格魅力。所以，想要成为成功者、富有者，就要像这样的人学习守时。

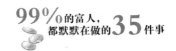
送客要送到电梯门口

> 在与客人打交道时，把客人招待好了，只完成了工作的一部分，而另一部分就是送客。其实，迎接客人需要礼貌，欢送客人也要讲礼仪。如果不懂得最后送客这一环节的礼仪，那么接待客人的工作就可能大打折扣，给对方造成不良印象。

迎客送客的距离，礼仪专家认为三比七最合适，也就是说你在距家三米远的地方迎客，那就应该送客到距家七米远的地方。如果你是在办公室送客，你最好把客人送到电梯门口，并且帮客人按下电梯的按钮。这样的送客方式，会产生很多积极的影响。

适当延长送客时间，用你的行动向客人表达一种真诚的心意，对方会觉得你对他依依不舍，期待着与他能有下次见面。一些礼节周到的成功人士，他们都对送客特别用心，这样不但让彼此有个良好的互动，而且给彼此留下下次见面愉快的暗示。迎客和送客时，都要把握好分寸，迎客时，如果跑得过远，就让对方有一种过于局促的感觉，就会显得很草率；送客时，如果送得远却是另一种效果，这会让对方感觉对自己此番行程有信心，觉得肯定是你对他的印象好，而他所做的一切都是成功的，是给对方一种心安的举动。

微软公司有一种与众不同的送行文化。其对象不是客人而是员工。位于华盛顿州西雅图的微软总公司就像校园一样，建筑物占地很大。那里的景观非常美丽，四周被树木及宽阔的草坪所包围着，靠窗办公室能看到迷人的风景，所以，很多人都想争取到靠窗的办公位置。

但是微软并不是以靠谁的业绩好坏，决定谁能坐在靠窗的位置，即使是研发出卓越新技术的人员也不例外。就是那些从外部挖角过来的高层管理，也不能享有特权。而能够坐靠窗的办公室位置的标准，是由在微软公司工作的年资决定。那些资深的工作人员才有资格坐到这些视野佳的办公室里。微软公司这样的管理方式，与那些以业绩及成果为向导的高科技产业的一贯作风相比，显得甚是独特。

根据微软的说法，他们建立这种制度的目的，是为了尊重那些长期在公司里服务的人，而这里所指的"长期服务"，其实代表着那些人距离离开公司的日子越来越近了，所以公司选择了这种方式，向长期一起奋斗的员工表达谢意，也是在提前向老员工道别。

古今中外，迎来送往一直是日常礼仪中的重要组成部分，尤其是在一直注重文明礼仪之邦的中国。但在如今的礼仪中，似乎迎客越来越受人关注，而送客越来越被人忽视。如果你到别人家去做客，在你刚离开时就听到关门的声音，肯定心里会有一种被忽视的感觉，所以人在交往时，应该出迎三步，身送七步。恰当而合理的迎送宾客是一种最基本的礼仪，也是建立好的人际关系所必备的品质，那种顾前不顾后的做法，总会让本来很好的意愿变成冷冰冰的断想，只有做到

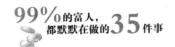
"出迎三步、身送七步"才是一个完整的交际礼仪。

20世纪50年代的一天，西哈努克亲王从中国离开，周总理和一些高级干部去机场送西哈努克亲王离京。在西哈努克亲王即将离开时，大家都很热情地陪伴着总理，一直目送着西哈努克走进舱门。但是当西哈努克亲王走入舱门后，为了看当天的足球出线比赛，大家迫不及待，很快便四散而去。

总理发现了大家的行为，虽然有些生气，但是出于送别礼仪而没有表现出来，只能稳定情绪，他对身边的秘书说，你赶紧去告诉他们，我有话要说，一个也不许放走。一会儿，干部们也都赶回来了，一同目视着飞机远行。整个送行的过程中，周总理始终保持着站立姿势，目视飞机起飞，渐行渐远，直到消失。

当外交使节离开后，周总理对这些干部说，你们都过来，你们是不是没出差过，别的国家在送你们时，是不是你一进舱门就消失了？客人还没有离开，你们就不见踪影了，人家会作何感想？你们是不是不懂外交礼节？那好，我来给你们上上课！周总理心平气和地说，按外交礼仪，主人不但要送外宾登机，还要静候飞机起飞，飞机起飞后也不能离开，因为飞机还要在机场上空绕圈，要摆动机翼……得到周总理的教导后，这样的事再也没有发生过。

周总理一直就是细致、完美的化身，他做什么事情总会想得那样周到，做事也很周全，所以，在对西哈努克亲王送行时，也是那么专注，那么严肃地终保持着站立姿势，目视飞机起飞，渐行渐远，直到消失。对于一起送行的干部所表现出来的失礼行为，周总理也没让他们下不来台阶，而是等到外交使节离开后，给他们上了一堂很严肃、认真的礼仪课。

我们每个人都在人生舞台上扮演着各种角色，在初登舞台时，聚光灯投射在身上，也就容易得到喝彩及掌声，但在退场时，却是一个人孤零零地消失在舞台上，送客何偿不是如此？许多人迎接客人时礼仪隆重，但却忽视对客人送别的礼仪，就不免给别人造成"人走茶凉"的感觉。所以在客人要离开时，不可先于客人起身，要等到客人起身后再站起来相送，还要有一番特别的挽留，要用真诚的"送"表达再见，给对方留下还想再次邀请他的感觉。当客人要离去时，待客人起身，然后再与其握手道别，并表达"欢迎下次再来"。特别是对第一次来访的客人，要热情周到。当客人离去时，要帮助客人拎着东西，送客一定要离开了视线再回去。否则当别人回头摆手时发现你不在了，就会对你的诚意产生怀疑。

在生活中的每一个人并不是独立存在的，我们所做的事总会直接或间接地影响到彼此，从细节处见真情，要懂得换位思考，多为别人着想，才能使人与人之间的关系和谐融洽。为别人着想，就要有非凡的气度，因为为别人着想，就需要有牺牲自己的利益来成全他人，而现实中很多人只顾自己的利益，总是为自己打算。一定要消除这种遇事推己及人的思想。所以，如果能换位思考、仁爱待人，日积月累就可以练就非同凡响的胸怀。一般来说，你爱别人，别人才会爱你；你怨恨别人，也会很自然地遭到别人的怨恨。

对周围的人怀有善意的态度和良好的愿望，是每个人的基本修养。站在他人的角度思考问题，最重要的是不能受到自身特点的影响，要以他人能接受的态度、方式表现出来。让对方能感受到你的"体贴"，使其心灵上能有一种安慰，而这种安慰达到一定程度，就会不自觉地产生一种感激，有了这种感激，信任的程度就会加倍地升华。当你的观点、你所做的一切对他的利益产生好处，信任就会深入其心底，从某种意义上来说，就达到了同理心。所谓的同理心，是善解人意的一方在宽容的基础上做出的让步，而这种让步却是被对方很大程度上认同，因为一方的宽容，再加上另一方的认同，就自然而然地使彼此达成有效的共识。事不三思总有败，人能百忍自无忧。每个人都喜欢跟善良的人交往，换个位置，站在对方的角度思考，给对方一个余地，其实也是给自己一些空间。

古人就很懂得为别人着想。儒家"五常"中的仁，就是爱护别人的意思，指的就是在与别人相处时，不要只想着自己，还应该设身处地多为别人考虑。古人尚有如此高的胸怀，已经经过不断进化的我们，更应该让这种胸怀发扬光大。人总生活在一个社会的群体中，跟不同的人打着各种各样的交道。在一个单位里，同事之间共事免不了竞争，也会由此产生一些隔阂或嫉妒。但如果彼此能宽容一些，就会使爱人之心多一些。如果能设身处地为别人想想，就会使得大家所处的环境变得融洽，合作就很愉快，业绩也会变得出色。如果凡事只想着自己，不去为别人考虑，总想着从别人那里得到更多好处，就不会在工作中与人搞好关系，工作肯定也不会不顺利。所以要学会改变思维和判断，遇事要多替别人想想，让自己的工作、生活充满活力。

遵守送客的利益，其实就是要为对方着想。欢送客人要到电梯门口，它也揭示出人与人之间的距离，距离接近固然好，但是近距离却让人产生防备的心理，所以最合适的距离是既可以互相取暖，又不至于刺伤彼此。人与人之间的距离就是心的距离，我们只有把心的距离拉近了，对彼此相互了解，关系才能变得更融洽。即使有矛盾出现时，也可以采取很理智的办法化解，使关系重归于好，这才是真正的处世之道。有距离就会产生空间，空间里最容易产生美。如地球与太阳保持着适度的距离，地球上的万物才会生机勃勃，人们也才能感受到温暖，看到漂亮的霓虹和彩霞，欣赏到月亮发出柔和的银光，群星闪耀于天空。这永恒而神奇的美，难道不正是由距离创造的吗？

地球距离太阳不能太远，也不能太近。如果太阳远离地球，就会使得地球变得遍地黑暗，缺乏生机；如果太阳靠近地球，地球就会被它那强烈的火焰烧焦，一切生命也将会消亡。所以生活中，如果每个人都以仁爱的心待人，以诚信之心对人，以平淡之心、互助之心交友，就会使人与人之间的关系的保持在恒久自由的距离中，让人安全，使人快乐。每天享受着阳光般的温暖，感受着距离带来的和谐美，在这个人间社会，不是天堂也胜似天堂。

人与人的距离不要走得太近，保留着一点空间，坚守着一定的距离，永远欣赏着的都是美。所以人们会说水至清则无鱼，人至察则无徒。尘世的万事万物都不可能十全十美，当你转换一个角度，调整一下距离，就会发现，美真的是无处不在。不要想着凡事一下子就弄个清清楚楚、真真切切、明明白白，完美的生活观念只能让你增添失望。所以距离是一种隔离，也是一种保护，距离近了就没有个人隐私，就会让人很不自在，每个人都需要有自己的空间。当然，也不要拒人于千里之外，过于孤僻、冷漠，就会让人孤单、寂寞。

人与之间的交往需要距离，要正确地把握好距离的尺度，让距离产生美，而不是刺伤彼此的利刃。学会从细微之处入手，更能体现你的真诚、修养和品行。对别人多一些体贴和关照，只要用心做，从迎客、送客这样的小事做起，就能逐渐积成大的修为。

不喝很多酒，只多品好酒

饮酒是一种文化，千百年来，人们把酒宴当成文明、礼貌的交际场所，以这种形式来叙叙旧，谈谈心，切磋技艺、交流思想，很早就形成了独特的酒文化。如今，饮酒似乎变成了"喝酒"，人们不再是细细品味酒的味道，而是喝得烂醉如泥，这既伤自己的身体，也影响与他人的感情。其实，饮酒要有度，饮高质量的酒，方能体现一个人的品味。

在交际过程中，酒已经越来越为人们所利用，酒作为交际的媒介，迎宾送客，聚朋会友，沟通彼此之间的感情，传递友情，都发挥了独到的作用。喝酒也是人与人交往的一种方式，无论男女都一样。酒文化更是历史悠久，有太多学问值得研究。酒过三巡，菜过五味，忽忽悠悠，飘飘然然，如梦似幻……应是人间最美事。有能力享受美酒的人，应该自有一番体会。而往往很多人驾驭不住喝酒的量，在一些场合里喝得酩酊大醉，更有甚者醉得一塌糊涂，丑态毕露，就会对其个人形象造成很大的影响。所以，那些有智慧的富人，不会喝太多的酒，不仅是从自身考虑，更是不想影响到别人的生活。

　　陈静——普罗旺斯酒窖的执行董事，也是一位如红酒般的女人，虽然不是那么艳丽的红，但赏心悦目，飘溢幽香。三年前，一次偶然的机会，陈静在广州参加了一次专业的品酒会。于是从那天起，她就疯狂地爱上了红酒。而在这之前，她是一家企业的人力资源总监。平时有很多机会出席各种社交场合，品味不同类型的红酒，但是却一直没有机会深入了解红酒深厚的文化底蕴。陈静发现，女人碰到好酒和好男人，都不可能浅尝辄止。而好酒和好男人一样，可遇而不可求。接下来，她用了一年多，去钻研有关红酒的专业知识，并向行业人士进行请教。

　　陈静说，品酒是一件用舌头味蕾去做的事，红酒的品鉴可以从红酒的颜色看出其年份，从香味中闻出葡萄的品种，从口感中察觉葡萄的成熟度。现在，她几乎每天都会喝上一小杯红酒，但绝对不会贪杯。她认为，自己是一个很注重健康的女人，红酒可以促进新陈代谢，帮助睡眠，还能起到养颜美容的作用。所以，喝红酒不在乎喝多少，在乎的是能否给自己带来健康的身体和愉快的心情。

　　在不断地与红酒接触中，陈静更深刻地体会到，好酒如同优秀的音乐和艺术品一样，一定要和懂它的人一起分享。在与亲友举杯同饮的那一刻，我们可以读懂彼此的心情和品位。在与红酒打交道的日子里，我们品出了生活的各种滋味，也会变得越发成熟、灿烂和优雅。

　　不喝很多酒，只多喝好酒，它所体现的是一种人生的态度。人之所以是高级动物，就在于理性，能够对自己进行节制。贝多芬曾经说过，人们应当以理性来面对一切。所以不管是在快乐、惬意还是在忧愁、恼火时，理性就是镇住各种脾气的唯一要素。萨迪曾经很形象地比喻，理性对感情的掌握，如同一个软弱的人落在泼辣的妇人手中。因此，节制不但是一种约束、责任，更是一种能力、境界。人如何才能变得有理性，关键就在于学会节制，战胜自己意念中那些不合理的欲望，继而改进自己的缺点，让一些不正常、不好的生活习惯得到改善，使思想中的一些卑鄙因素甚至那些不好的思维方法，以及变态的心理和不正常的观念改进或丢弃，以让自己的一举一动合乎赏识。

节制就是要控制自己，把握好自己活动的范围，而不至于让自己出格。巴尔扎克曾说过，只有那些晓得控制自己的缺点，不让这些缺点控制的人才是强者。所以那些在事业上成功的人，总能控制住自己的行为和情感。节制就需要限制自己，要为自己规定一定的范围，在这个范围内不许超过，超过就有出现危险的可能，就如孙悟空给唐僧划的保护圈一样，在这个圈内不会有危险，但出了这个圈就说不准了，结果唐僧出了这个圈，还真被妖怪给卷走了。所以要用强有力的自制力约束自己，以防自己跑出这个圈后，出现什么不利的影响。节制就需要克制自己，要用坚定的态度，来抑制自己的感情，冷静地对待一切问题。制约就是要驾驭自己，通过自身的力量来支配、掌握自己，所以歌德坦言，谁不能主宰自己，永远是一个奴隶。

节制就是对自己的限制、制约、克制。就要求人们，在规定的范围内，不但要用强有力的方式去管束、约束。塞尼其认为，有自制力的人就是强有力的人。节制既是一种心理、思想活动，也是一种行为方式的外在表现。节制就是要征服自己，通过对自己思想的洗涤，用自己身上的真善美来战胜内心的假恶丑。司马迁说过，自胜之谓强，傲不可长。傲是一个人意志脆弱的表现，所以要认清人性中的脆弱，不可纵欲，欲望之念好比是大海，当人们沉溺其中时，就会很难爬到岸边。一个理性的人，应做到乐极志不可满，气不能盛。节制就要认识上清醒、情绪上冷静、态度上沉稳、意志上坚定、行为上强硬。

孔子说过，克己复礼为仁，所谓克已，就要把自己的行为举止克制在"礼"的范围之内。"非礼勿视，非礼勿听，非礼勿言，非礼勿动"，孔子进一步阐述了儒家理论上的克制。克制与节制都是对人的欲望的控制，让人们尽量不去碰那欲望里面的水，欲望之水是充满着无穷诱惑的，喝得越多就越觉得口渴，所以为人处世要有节制，时时约束自己的欲望，不纵欲，不为所欲为。

不多喝酒，就要求人们有一种追求美好的人生态度。在生活中，有时候人们因为迫切地需要完成一件事情，而不得不而改变自己的初衷，找一件次货来马虎完成。比如你很急切要换一个白色的窗帘，但到处都买不到，结果就买了黄色的。可是第二天在另外的地方发现白色窗帘时，心情中的后悔就可想而知了。宁缺毋滥，就是一种坚持追求最美的心态。人生总会存在残缺，但要在残缺当中做到最好。

每个人都是俗人，而富人突破俗人的界线，也就跃入另一种难得可贵的角色。特立独行的李敖在大学日记的一句话：有五分钟无所事事的生活，你便沦为庸人的行列了。当然，如果按照这个标准的话，全世界几乎已经全沦落为庸人。但至少给我们这样的信息：庸人和俗人其实是同一种人，他们的共同致命点就是难以克服一个"懒"字，因为思维中有"凑合"的想法，所以凡事不愿意全力以赴，因而会感觉无所事事。虽然一般人很难逃出庸俗之人的行列，但只要坚持宁缺毋滥，虽然不能做到极致，但能让你有所成就。

坚持自己的真善美，并非坚持真理上的完美，每个人会根据自身的价值和品位设立不同的心理标准。因为急于完成的原因而降低标准，实则是对自己价值的否认、降低和不尊重。坚持等待，是对自己价值的肯定和对自己生命的尊重。这些理论虽然很难去践行，但并不是完全不可操作。宁缺毋滥，要的是一种有坚强意志力的生活态度，在很大程度上，宁缺毋滥的态度能让我们的理想和追求保持着正确的方向。

不多喝酒，需要人有一种品位，品位是一种境界，是一种生活质量，它反映一个人的情趣。品位是思维，是涵养，更是一种凝练的人生态度，是对自然、对美、生活和谐亲近的本能认同，也是对艺术的独特感知力、鉴赏力。品味是从生活的细节中一点一滴提炼出来的。品位不是奢侈品，不一定就是对奢侈品的消耗，是一个人身上元素的组合。或许没有漂亮新潮的衣服，但一定要干净整洁。衣服是人的脸面，穿名牌时装未必一定很有品位，穿着质朴的人也不一定就没有品位。

细节里总能包含你的审美和情趣，以及你对生活的美好追求，与自然的和谐相处。所以，有品位的人总是很注重细节，注重提升自身各方面的素养。作为男人，要大度、优雅、谦让、不拘小节；作为女人，要温和、包容、静谧。

品位强调人与人的和睦，人与自然的和谐。万物的灵性源于自然，自然的运作使人拥有灵气和光辉，珍惜自然就是珍爱生命。品位不能破坏自然，品位不能影响人的健康。品位是生活的情趣和生命的内涵，它只流露于每人的举手投足之中，高也一生，低也一世，有什么样的情趣，就决定人有什么样的品位。品位是"生活"还是"活着"的明显区别。

做人要有品位，做事要有品格。这要求我们堂堂正正地做人，光明磊落地做事；做人要清清白白，做事要干净利索。良好的做人品质是兢兢业业干事的基石，是做好事、做成事的前提条件。古人云：德为立身之本，才为处世之道。人首先要做的是修身养性，要通过学习，充实自己、提高自己、完善自己，不断提升自己的道德素质，以良好的道德素质规范自己的言行举止，使自己具有崇高的人格魅力，成为道德的高者、做事的能者，在与人相处和各种社交活动中，展示自己的独特风格和无穷的魅力。

做人要有品位，要经得起别人品评，让人愿意去品，就像陈年老酒一样去慢慢地体味那份醇香醇厚，引申到人品就是德才兼备，与别人相处时让人愉悦，离别时让人眷恋，真真切切地让人感觉陶醉的滋味。做事要有品格，就是什么事都要心中有数，游刃有余，符合事物发展规律，不做出格的事，既要有愚公移山的勇气，又要有成就事业的素质；既要有处惊不乱的气魄，又要有解决问题的能力；既要有鸿鹄之胸襟，又要具备雄鹰展翅的本领。在做事之前，就能让你感到有资格，而且一定能做成。做的过程让人放心，做出的成绩让人赏心。

做人要有品位，做事要有风格，就是要以积极乐观的态度去品读人生，所说所做要高品位、高格调，既耐人寻味，又让自己在过程中不会自觉地陷入玩味。在入世涉世之初就开始注重培养健康的人生观、价值观，无论处于顺境还是逆境，都要活得有滋有味，切实感受到生活的魅力，用心享受生活的愉快；在生活中愉快地干事，在干事中愉快地生活，尽最大力度地发挥自己的特长，体现自身的价值。即使不能立德、立言、立功，但也要一定能经得起世人品评。如此旷达大度，健康幸福，不失为一种惬意人生。

做人要有品位，做事要有品格，说起来简单，做到却也的确要费些周折。要立身处世，就必须修身养性、汲取人类的精华，在锤炼自己的品格中，常怀律己之心，常揣鉴己之镜。向古人学习，学习美德；向今人学习，吸取潮流中的精华。在学习中修正，在修正中学习，以螺旋的形式不断攀升，提升品位，打造人格魅力，把自己的聪明才智毫无保留地奉献给人类社会。在品读个人幸福的同时，也让别人品读自己，这样的人生才有品位、有价值。

 随身携带笔与笔记本

管理学大师赫曼·赛蒙曾说过，很多构想，都是在当先用不着时产生的，只有将它们写下来，将来才有机会活用。从某种角度分析这句话，说明记忆有时不靠谱，很容易遗忘，只有用笔记录，才能长时间保存，以备将来使用。聪明的人，常会携带笔和笔记本，将那些乍现的灵感以及生活中重要的知识记录下来。你会不会这样呢？

随身带笔和笔记本，能帮助你完整地记下想到的东西。比如说与别人聊天时闪过脑海的灵感，或是一些有趣的台词，单凭记忆可能在5分钟以内就忘得一干二净，而如果你把它们记录下来，可能会成为日后的知识储备。即使身边没有笔记本，也可以写在其他东西上，比如说传单、报纸边角或是纸巾上。当你持续一段时间后，你记录的点点滴滴就变成了自己的生活记录，也就成为另一种日记。可以从中发掘智慧，那些过去的内容，为我们指引未来的方向。

世界上有很多的难事，对自己的认识当然也是其中之一。在你认识自己后，就可以调整个人的成长路线，让自己少走弯路。所以要认识自己，就可以把你的一些行为记录下来，从生活的小事中不断地发现自己。记笔记是发现自己的方式，也是发现别人的一种方式，审视你的记录，就可以找到其中的不足，并找出解决问题的方法，然后就知道以后该怎么做了。而且你记录到的东西，有时很可能给你带来意想不到的惊喜。

伊万杰琳·布斯被誉为"伟大的救世将军"，在她的一生中，有很多男性对她有好感，有一位欧洲颇具名气的王子，为了向她求婚，每次都会在美国停留好几个月。

有一次，她到阿拉斯加边境，参加贫民的求助活动。由于那里经常活动着一批强盗，他们的手段非常残忍，把人命看作蝼蚁，所以她身边的人及地方政府都极力地劝阻她。但是伊万杰琳却不顾人们的反对，坚持去救助贫民。

她与同伴一起来到阿拉斯加边境，正当他们完成所有的准备之时，突然听到一阵纷乱的马蹄声，原来是那批强盗来到了，顿时让所有的人面色煞白。一个看起来像强盗头目的人从马背上下来，朝着伊万杰琳走过去。"原来是你，我正在等着你。"那个人对伊万杰琳说。伊万杰琳看起来似乎很镇定，但她的手却一直在抖着。虽然她见过不少世面，但与有恶意的强盗打交道却是第一次。强盗走到营火堆前坐下，伊万杰琳尽量地让自己镇定，拿出了自己的笔记本，假装专注地看着。她希望自己的这种举动能克服心中的恐惧。

她看着笔记本，然后静静地抬起头来说，这里写了一个故事，说耶稣不仅贫穷，甚至还具有仆人的面貌。他是在拿撒勒的村子里长大的，那里住着许多穷人，耶稣一辈子为可怜的人而活，最后也是贫穷地离开了这个世界。

她看着笔记本，接连说了好几个故事，强盗头目刚开始还有些不知所措，但随着伊万杰琳将故事一个一个娓娓道来，他完全沉浸在伊万杰琳的故事里，在听伊万杰琳讲故事时，强盗头目仿佛产生了共鸣，时而点头，时而叹气，重复几次后，他突然站起来，出人意料地把一块毛毯交给伊万杰琳。

强盗头目对伊万杰琳说："天凉了，这是送给你的礼物。"接着他骑上马背，对伊万杰琳微笑着说："今晚你为我带来全新的生活，我现在打算去找警官，向他们自首并接受惩罚。"

很多成功的人士都有记笔记的习惯，他们不相信记忆或感觉，所以不会依赖记忆力，他们会经常随身携带着手册，将所听所闻的事记录下来，在养成记笔记的习惯的同时，也会培养出观察的习惯，所以那些经常记笔记的人，为了让笔记整理得更有效率，就会用心观察事物的每一个部分，以避免自己一再地写错、重写。由于记笔记可以培养出观察的习惯，也会慢慢地提升人们的观察力。而在每一次重新回顾和对比分析中，就会加强思维的广度和深度，在这种情况反复进行的同时，就会让你培养出超越事物表象、看透事物本质的洞察力。

洞察力是指人们观察事物或问题的能力，从字面意思上来说，就是指对山洞的观察。一般情况下，山洞除了洞口可以看到阳光外，其他地方都是黑暗的，而且越往深处越不见阳光，依此说来，就需要人们有更透彻的观察力。所以洞察力里掺杂得更多的是分析和判断的能力，是多种能力的组合。如何才能培养自己的洞察力？这似乎是没法说清楚、又是显而易见的事，培养自己的洞察力最有效的方法就是去领悟，从生活和知识中看清事物的本质，继以获得解决问题的方法。

其实洞察力是每个人都有的认知能力，所以它并不是什么神奇的力量，我们平时所说的创新能力、创意能力、想象能力、策略能力以及意志力、注意力等，基础都可以是洞察力。只要我们留心一下周围的事物，都能从事物身上发现"看得见"与"看不见"的组合。"看得见"的是事物的现象，而"看不见"的是事物的本质，本质就是需要我们通过洞察去发现。

可是在很多情况下，人们主要通过以往的经验去认识事物，超出经验的东西，就会无法反应，要么抵触，要么惊惶失措，就会产生放弃的心理，而本质却是决定现象的根本因素，所以需要人们去自我觉悟、体验，透过现象去发现本质。有了深刻的洞察意识，并能自觉地去挖掘，就能很成功地改变自己，包括人的性格秉性。

洞察力不是靠一门课或读一些书就能获得的，是从生活中的点滴中悟出来的，记录你的一点一滴，从这些记录中感悟出生活的道理，让思维的火花不断产生新的理念，就会慢慢地培养出你独特的洞察力。

一些优秀的人物，总是从生活中的一些小细节中洞察到别人不曾留意的事情，并由此大胆推断，从中发现一些别人不容易觉察到的端倪，在问题还没有发生时就能觉察到，并及时做出应对。很多事情在变故发生之前都有预兆，只是很少人去留意，注意事态的发展与变化，认识到事物的发展规律，随时关注事态的发展趋势，就是提高洞察力的好方法。对事物洞察的过程，不仅要牵扯到广阔的知识领域，而且还要经过系统的思考，对事物有客观的看法和准确的预测，以培养自己深刻的洞察力。一定要纵观全局，着眼于未来，从最坏处着想，但要向最好的方向努力。

三星集团的创办人李秉喆，永远都会随身带着笔记本，据说公司的经营活动都会配合里面的笔记进行。平时在听到别人的谈话中有什么构想时，他也会随时记下。晚上睡觉之前，他会把这些记录再重新整理一遍，以至于影响到后来的总裁李健熙，并继承了他这个习惯。有一段时间李健熙总裁还随身带着录音笔，随时记录下会议的内容或提案。美国通用公司的前任总裁杰克·韦尔奇也有个很有名的习惯，那就是经常会在纸巾上写些东西，他吃饭时会想到，"把恐龙般的GE送上手术台"这个构想，也曾想到"只把第一名和第二名的留下，其他全部卖掉或重整"。灵感总是在不经意间突然涌现的，洗澡时、看电视时、打扫时或开车时，灵感都可能毫无预兆地找上门来，很多时候只因为晚了一步，就与灵感无奈地错过，只能感叹灵感的转瞬即逝。

创作思维过程中认识飞跃的心理现象，是一个人在对某一问题长期孜孜以求、冥思苦想之后，通过某一诱导物的启发，与一种新的思路突然接通。正常人都可能出现灵感，只是水平高低不同而已，并无性质的差别。创新大多起始于人大脑中产生的灵感，创新是人类想象力的产物，而灵感是创新的原始起点，灵感也是创新的核心和灵魂，它是人们思维认识瞬间质的飞跃，是思维新奇的突然爆发，是人们大脑中产生的新想法。灵感的产生具有随机性、偶然性。灵感的产生是世界上最公平的现象，无论是贫民还是权贵，不论是知识渊博的科学家还是贫困地区的文盲，所有人的正常思维随时都能产生各种各样的灵感。而产生灵感几乎不需要投入经济成本，但灵感本身存在很大的价值，其价值的大小也是随机的，不会因为高贵的身份就会产生高贵的灵感，也不会因为低贱的身份而产生低贱的灵感。

在很多时候，会在我们的脑子里蹦出一个让自己欣喜不已的灵感，于是就想记录下来，却在急于找纸笔时，已经把这个想法给忘记了。所以面对灵感的突现，就需要身边准备好笔和笔记本，随时记录下我们脑海中跳跃的灵感。灵感经常显得非常零散，或许很难用一个本子对其进行归类。可以使用打印纸把当时的想法都详细写好。当积累了一定的程度之后，再归类装订起来，就会使你的灵感不再那么凌乱。

用笔记录下重要的事情和灵感，就可以认识自我。认识自我是每个人自信的基础与依据，依赖着巨大潜能和独特的个性优势，不管你的处境多么不利，遇事多么不顺，都会让你坚信，我能行。

在一个人的生活经历、所处的社会境遇中，能否真正认识自我、肯定自我，为自己塑造什么样的良好形象，是否能把握好自我发展，选择积极的还是消极的自我意识，都会在很大程度上决定和影响一个人的命运和前途。也就是说，你是选择渺小平庸还是美好杰出，要看你的自我意识如何，是否能真正地认清自我，能够拥有真正的自信。认识自我，就会让你拥有一座金矿，拥有自信、自主、自爱，就能让你在人生的舞台上展现出应有的风采。

所以，实现对自我的认识，就是悦纳自我、培养自信、发掘潜力，最终实现认识自我的目的。如培养良好的自我意识就是完善自我的关键，同样也是发掘自我潜能的关键。人们依据周围环境的发展，形成自己的正确认识，以及积极态度和情感，就是正确自我认识的体现。正确的自我认识能够增强自信心，一个充满自信的人，就一定会有正确的自我认识，而那些比较自卑的人，就会对自己持消极的看法。所以要用正确的自我意识，发挥自己巨大的能量，充满信心地创造人生的价值。

我们有了正确的意识、良好的兴趣，并在实践中不断磨练，不断完善，最终才能将潜在的可能性变为现实。发掘潜能实际上是一个发掘、培养、发展的循环过程。而这一过程是在日常生活、工作、学习中得以实现的，随身携带笔与笔记本，记录下生活中重要的事和灵感，在不断地培养、提升自己的洞察力过程中，正确认识自我，发掘自身的潜力，注重生活中的细节，用理性的思维思考问题，让自己变成一个成功者。

把梦想及目标写在醒目之处

心理学家认为，把自己的梦想及目标写在醒目的地方，是一件很有意义的行为。当你每天重复不断地看到这个信息时，就会带来正面的效果。在现实生活中，不缺乏拥有雄心壮志的人，但真正落到实处的，却少之又少。而你将其呈现到醒目之处，就有了时刻敦促自己的动力。

拿破仑·希尔曾经说过，一切成就的起点是渴望。一个人追求的目标越高，他的才能发展得越快。一心向着自己目标前进的人，整个世界都给他让路。然而成功不是简单的事情，在通往目标的途中总会碰到各种不同的诱惑，并让你偏离人生的目标，所以当你的意志被削弱时，执行力就会难以听从你的遣使，当然就会影响你追求目标的力度。卡耐基说，生活中，人们往往将目标着眼于大处，而常常忽略一些小的问题，所以要把目标写在醒目之处，并想着如何把它分解开，变成一个个容易实现的小目标，让小目标组合成大目标，你的成功就能很快实现了。

人生目标使我们在规划人生的同时，需要更理性地去思考未来，树立一个长期的、特定的、远大的目标，并写在醒目的地方，朝着自

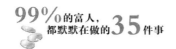
己目标的方向用心地努力，不断地尝试、选择适合自己未来的事业和生活，定好人生的职业规划，让自己的职业定位清晰、客观，评估好自己的职业气质、职业能力、职业倾向、职业能力和运用能力。并以此为目标，使未来的职业处于稳步向前发展的状态。

建立好的人际关系，形成一个由不同社会角色组成的关系网，人际关系网表现出一个人的情商的高低。这个关系网络不是一天两天能建立起来的，要用开阔的心胸、豁达的气量、助人为乐的品质结交很多朋友。

要不断地丰富自己的内涵气质，建立自己的知识库，并像存储器那样，有层次地分成若干单元，并分门别类地存储于自己的大脑里，就可以应付职场里的竞争。要学会本行业所需要的一切知识，并不断进步，不断地去提高自己的文化素养。

要寻找一个人生的榜样，并不断地去学习他们的理念、思维，在不断模仿、尝试中完善自己，养成自己独特的风格、风度，就能达到事半功倍的效果。要以优良的品德做人，用诚信建立信誉；巩固职业金字塔，走健康的职业路。如果一个人30岁仍未能建立起坚如磐石的忠诚信誉，就会被这一缺点困扰一生。

善于整理和集中自己的优势、长处。不管目前你在生活中担任什么样的角色，认识自己的长处很重要。客观认识自己后，再根据自己的兴趣爱好，做自己最擅长的事情，发挥自己的强项，扬长避短，从事好自己的职业。

任何时候都要慎重说话。不要因为信口开河、夸夸其谈而自毁前程。要稳重，凡事三思而行。要静观事态，学会沉默，不该说的话守口如瓶。

有远大的目标是好的，但俗话说：望山跑死马。往往我们所制

定的目标太远，总看起来遥不可及，在这种情势下，不要对自己产生怀疑，更不要被目标给吓倒，一定要冷静下来，分析自己距离目标有多远，认清自己与目标之间的差距，这就会让自己该努力的方向和坚持的程度变得明确起来。所以，一个人不仅要有一个远大的目标，更应该明确自己与目标之间的差距，依据差距来制定每一秒、每一阶段的细微目标，努力完成下一个目标，一点一滴地缩短与最终目标的距离。

在现实生活中，有许多人会因目标过于远大，或理想太过崇高而轻易放弃，但懂得为自己设定零碎的目标，通过目标的组合，就能够较快地获得令人满意的成绩，而每一个小目标，都是着眼于目前自己所拥有的能力来规划的，只要努力就能够完成，这就可以让心理上的压力也会随之减少，更有信心地去完成每一个目标，从而实现最终目标。

1976年，17岁的迈克尔在休斯敦的一家航天实验室工作，虽然待遇优厚，但是沉闷的环境，还是让迈克尔希望改变自己的现状。

迈克尔心中一直有创作音乐的梦想，但是迈克尔没有写歌词的专长，于是他找到善写歌词的凡尔芮，并想同他一起创作。当凡尔芮了解到迈克尔对音乐的执著，却苦于不知如何入手时，决定帮助他实现梦想。于是他问迈克尔，你想象中五年后的生活是什么样子的？

迈克尔沉思片刻，说道，我希望五年后市场上有自己的一张唱片销售，并住在一个有音乐氛围的地方，天天和世界一流的音乐人一起工作。凡尔芮说，那么，我们先来看看你和你的目标之间的差距有多远吧。你现在有固定的工作，但音乐创作的时间十分有限。但如果你想要实现梦想，就必须让音乐成为你生活和工作的主要甚至全部内

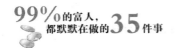

容，这就是差距所在。

凡尔芮又说道，我们再把你的目标反推回来，如果第五年你想有一张唱片在市场上销售，那么第四年你就一定要和一家唱片公司签约；第三年你就要有一首完整的作品，可以拿给很多唱片公司；第二年你必须就要有很棒的作品开始录音；第一年你就要把所有准备录音的作品编好曲，排练好；第六个月你就要把那些没有完成的作品修改好，然后逐一进行筛选；第一个月你就要把目前手中的这几首曲子完工；第一个礼拜你就要先列出一张清单，排出哪些曲子需要修改，而哪些则需要完工。你看，现在我们不就知道你下个星期应该做什么了吗？凡尔芮一口气说完。

凡尔芮接着说，如果你五年后想要生活在一个有音乐氛围的地方，与一流的音乐人一起工作，那么第四年你就应该有一个自己的工作室或录音室；第三年，你可能就得先跟这个圈子里的人一起工作；第二年，你就应该搬到纽约或是洛杉矶去住了。

听了凡尔芮的一番话，迈克尔终于知道自己该如何去做了，于是，他很快辞去了现有的工作，搬到洛杉矶。六年后，迈克尔的唱片大卖，一年卖出了几千张，而且实现了他与顶尖的音乐人每天在一起工作的梦想。

所以，一个人的目标的执行并不是简单的过程，要有一个长远的规划，并且要具备付诸实施的各种条件，迈克尔就是接受凡尔芮对其目标分析后合理化的建议，经过六年的时间，一步步让自己的目标得到实现，直到取得举世瞩目的成就。很多人处于害羞的心理，不会将目标写在醒目的地方，只是偷偷地把目标写在笔记本上，其实这本就是一种心理的防线。

为什么非要去在乎别人的目光？充满自信、大方地公开自己的目标，本身就显示出你的一种气度。当你对目标有所松懈时，醒目处的字眼，总是会给你一些提醒，让你持续地关注这个目标。如果能时常看到你的目标，就会在意识里形成鲜明的印象，就会促使你下定决心去实践。在付诸实践后，用心分析每一周的执行力度，以便随时修正策略。另一方面，把目标写在醒目之处也是一种审视自己的有效手段。

审视自我就是要认真地看清楚自己，不是简单地对自己仪表进行打量，更要善于察觉自己的心态，更好地了解自己。没有审视，就不会有发现。对生命的审视会让人变得清醒，哪怕会让自己始终站在世事的风口浪尖，也不会被生活的暗流所吞没。在痛苦中审视自己，就会发现其实是孤独让你痛苦不已；在闲适中审视自己，就会发现空虚让你无所事事；在奋进中审视自己，就会发现你的无知会让你停滞不前；在安逸中审视自己，就会发现沦落将是你面临的危险。审视自己，就要把自己全面展开，对灵魂作一次全方位检阅，并痛快淋漓地告别浅薄的自我、虚伪的自我、卑劣的自我。在审视中寻找人性中的痼疾，并坚决地割除这些灵魂上的肿瘤。

审视是一种积极的自我超越，也是生命中每一次有价值的超越。如果没有对自己及时审视，就会让一个成功的人迷失在过去的辉煌中。如果一个极富才能的人对自己缺乏正确审视，也很容易在生活中黯然失色。所以处在人生低谷，不要用太悲观的目光审视自己；走在高扬的道路上，也不要有太过于乐观的目光审视自己。要用合适的尺度审视自己，不要让自己走向极端。"横看成岭侧成峰，远近高低各不同"，生活展示给你的是不同的侧面，所以审视的角度和方式也要随着事态的变化而不断地改变。所以不要在受到困扰后，就责备世道沧桑，更不要在受到生活的重创后，就埋怨命运多舛。每个人都只有自己才能拯救自己，埋葬自己的也只会是自我。

学会审视自己就会懂得审视周围，有了清醒理智的逻辑思维，就不会去盲目地崇拜他人、追逐潮流、迷恋世俗。审视能让你把握好人生的方向盘，让自己不至于陷入盲目，脱离俗套，远离纸醉金迷的生活，也就使得未来真正地把握在自己的手中。

经常审视自己就像给自己洗脑和洗澡一样，让自己永远保持着一种清醒和健康的状态。审视自己就能让自己扬长避短，发挥自己的优势，朝着既定的目标前进。审视天地岁月，可获得一份哲思；审视世事人生，可增添一份睿智；审视文化历史，可增强生命的底蕴。如果不想昏庸地活着，就要认真地去审视自己。

如果要实现自己的目标，就要把自己的目标和梦想写在醒目的地方，以便对目标进行确认。距离与你的眼睛有多远，就会让你的心有多远，让目标必须出现在视野内，才会让内心朝着既定的方向前进。

第三章
CHAPTER 03

始终坚持，
有不达目的誓不罢休的勇气

　　"骐骥一跃，不能十步；驽马十驾，功在不舍。"同样的道理，人生成败，贵在坚持。那些成功人士获得的成功，并不是一蹴而就的，而是选择了自己想做的事情，在人生前行的道路上，无论有什么艰难险阻，他们依然保持浓厚的兴趣，对自己的事业倾注满腔热情，一路保持前行的动力。在我们的人生道路上，只要自己想做的事、能做的事，一定要坚持，要有"咬定青山不放松"的精神，有不达目的誓不罢休的勇气，这样，才能任凭它风吹雨打，仍能闲庭信步。

要随时经得起诱惑

> 欲念总在不断地刺激人的一生，所以也就注定诱惑陪伴人的一生，并折磨一生。世界上最奇怪的东西是诱惑，它会让你为之疯狂而不能自已。人们常说，贪如火，不遏则燎原；欲如水，不遏则滔天。而人难免有七情六欲，所以就会被嗔、痴、贪等念头突击。于是就要问，如何正确面对诱惑，在戒中生定，在定中生慧？

在这个诱惑无限、机会泛滥的时代，面对"乱花渐欲迷人眼"的现实，始终守住自己的底线，耐得住寂寞，经得起诱惑，坚持守住自己的操守，谨防欲望无限地膨胀，绝不能丧失自己的原则和立场。人生就是一场无休止、不歇息的战斗，要想获得成功，就要时时刻刻向无形的敌人作战。人的本性中那些乱人心意的欲望、致人死命的力量以及致人堕落甚至自行的念头，都是顽敌。

在如今物欲横流的世界，能经得起诱惑不但是一种品格，也是一种能力。生活告诉我们，如果无限地放纵自己就会失去自由；管不住自己就注定被别人管；经不起诱惑就一定与成功无缘。一个人要想经得起诱惑、耐得住寂寞，就要承受住压力，那是内心的一股定力。用定力去抵制诱惑，就会有自己对人生的思索、规划，自得一份心灵的宁静。要经得起复杂形势的考验，正视现实的诱惑。分清哪些地方不该去，哪些东西不能要，哪些人不该交，哪些事不该做。一定弄清界限，高度自律、慎独慎初，善始善终。是否经得起诱惑，就要看你的心态是否成熟，经不起诱惑，就说明你还不够成熟，还是充满着新鲜好奇感。其实如果真要看穿了，一切也不过如此。

要想成就自我，就要经得起周围的诱惑，耐得住内心的寂寞。人生活在社会环境里，每时每刻都会受到诸如灯红酒绿、锦衣玉食、黄金珠宝的诱惑。面对浮躁和急功近利，如果不甘心寂寞，就会被这形形色色的诱惑俘虏，落得人财两空的结局。所以，经得起诱惑，耐得住寂寞是人生的一种境界，也是人的思想灵魂修养的体现。更是一种坚定的信念和态度。能在诱惑面前不动声色的人，是难得的高手；能在寂寞前坚定行走的人，就是真正的英雄。佛语云，天下熙熙，皆为名来；天下攘攘，皆为利往。社会弥漫着浮躁的情绪，在各种诱惑下让人们很容易丧失判断力。想要避免不必要的麻烦，就要做任何事时都要光明磊落，要不断地充实、完善自己，不被诱惑蒙蔽双眼，做到非分之财不能取，非分之乐丝毫不能沾。只有对外修身才经得起诱惑，方能出淤泥而不染。

寂寞是人生的底色，既是一种考验，也是一种坚守。也许与寂寞为伴的是痛苦，但抵不住寂寞，也让你在人生中出现许多失憾。如果工作中耐不住寂寞就会心神不宁；生活中耐不住寂寞就会心旌摇动。所以，耐得住寂寞是一种心境、一种智慧、一种精神内涵，是人生的一种自我超脱。"沉住气，成大器。"要以平常的心态面对世事浮沉，以慈悲之心面对生活中的不公，以自定义的方式享受人生，严防欲望侵蚀心灵。于是当机遇向你招手时，你就可以很好地把握机会并获得成功，所以，耐得住寂寞也就显得弥足珍贵。那些有胸襟、有毅力、有恒心的都是耐得住寂寞的人。只有经过寂寞的考验，才不会被喧嚣的尘世所迷惑，更不会怨天尤人，萎靡不振。

1898年6月8日，慈禧太后发动政变，下令抓捕变法的领导人。而谭嗣同作为戊戌变法的领导人之一，面对清政府的捕杀，在当时他完全有机会逃走。而且另一位变法运动的领导人梁启超也反复催他尽快离开，但他绝不做逃跑者，并慷慨激昂地说："各国变法都是由流血而成，今日中国却未闻有因变法而流血者，此国之所以不昌也。有之，请自嗣同始！"

在政变发动之前，谭嗣同的父亲也曾多次写信催他回家，以免遭受杀身灭族之祸，但他却抱着舍生取义之志，对老父的来信均付之一笑。就这样，谭嗣同不幸被逮捕。受刑前，谭嗣同面对上万围观群众高呼："有心杀贼，无力回天；死得其所，快哉快哉！"与谭嗣同一起就义的还有刘光第、杨锐、杨深秀、康广仁、林旭等人，史称"戊戌六君子"。六位义士，个个大义凛然，宁死不屈，他们高尚的节操，也为世人所景仰。

谭嗣同为坚守正义，放弃逃生的机会，宁死也要证明自己的信仰是正确的，而且在临死时也是那样慷慨陈词地说"有心杀贼，无力回天；死得其所，快哉快哉"。其实对于他来说，逃生就是一种诱惑，而对于这种诱惑他却视而不见，始终相信自己的信仰是正确的。他的这种视死如归，对信仰的执著信念也成为后世学习的楷模。

如果一个人经不起名利的诱惑，就会不择手段地追逐名利、金钱，变成它们的奴隶。人们来到这个世上时，是赤条条的，而走到尽头离开时，同样也是赤条条的，而那些身外之物也只不过是一场空。所以，在名利面前一定要学会宠辱不惊，看庭前花开花落；去留无意，望天际云卷云舒。

寂寞、诱惑是两块试金石，会测出你的意志是否坚定。尤其是对于有理想的人来说，也是酝酿成功的温床。凡成大事者，必先苦其心志，劳其筋骨，饿其体肤，空乏其身。不在寂寞中奋斗，不在诱惑中突围，就难以做到一鸣惊人！而所谓的美女成群、前呼后拥、多彩多姿也只不过是诱惑表面的华丽烟云。

东汉时，南阳太守羊续，他为人谦洁、生活朴素，平时穿着破旧衣服，盖的是有补丁的被子，乘坐着一辆破旧马车。餐具是粗陋的瓦器，吃的是粗茶淡饭。他憎恶当时官僚权贵的贪污腐败和奢侈铺张。

府丞焦俭是他的下级，也是为人正派的人，他与羊续关系很好，他看自己的上级生活如此清苦，便心生恻隐。他听说羊续喜欢吃生鱼，就买一条鱼送给羊续。焦俭怕羊续拒收，就笑着说，大人到南阳时间不长，可能还没听说过此地有名的"三月望饷鲤鱼"，所以我特意买一条送给您，平时您把我当作兄弟，所以这条鱼只是小弟对兄长的一点敬意，您知道我绝非阿谀逢迎之辈，因此，希望您能收下！羊续见焦俭这么说，认为不收下就太见外了，于是笑着说，既然如此，恭敬不如从命。

等焦俭走后，羊续便把这条鱼，挂在室外，再也不去碰它。第二年三月，焦俭又买了一条鲤鱼，心里想着一年送一条总可以吧，如果买多了，那个古板的老头子是不会要的。他便提了一条鱼到羊续的府邸，正要说明来意，羊续就指着那条枯干了的"三月望饷鲤鱼"，对焦俭说，你去年送的还在这里呢！焦俭愣住了，摇摇头叹口气，带着活鱼走了。

在"三月望饷鲤鱼"这个故事里，羊续即使面对自己要好的朋友，也不会改变自己的品行，以至于当他的朋友第二次带着鲤鱼登门，看到挂在墙上的鲤鱼，只能带着新拿来的鱼叹息而归。诱惑对于人来说，仿佛就是看不见的魔爪，在你稍放松一点时，或许它已占据了你一大部分。或许羊续就懂得这个道理，自始至终地保持着自己的原则，当然就值得人敬佩。

事物都有对立性，不能在诱惑中升华，就会在寂寞中糜烂；不能在诱惑中战胜自己，就会在寂寞中成为奴隶。想要获得成功，就要耐得住寂寞，经得起诱惑！在寂寞中成长，就能彰显你的成熟、乐观、坚忍、洒脱。所以，要想功成名就，就必须与诱惑为伍、寂寞为伴，在不断地与诱惑抗争中战胜自己，在寂寞中升华。苏轼曾说过，古今成大事者，不唯有超人之才，必有坚韧不拔之志。那些站到学术研究风口浪尖上的人都是璀璨明星，也都是众多媒体觊觎的人物。大部分人成为公众名人后，耐得住寂寞，依旧深居简出，依然过着苦行僧般的研究生活，会成为明天永远的明星。而有些人却与热闹连成群，也就注定短暂研究生涯的结束。

中国有一句老话这样说，行百里者半九十。只有抗拒住诱惑，一直坚定地走下去，才能做好一件成功的事，当路越走越难时就想着放弃，当然就会注定失败。古往今来不能抗拒各种诱惑，在前进道路上中途夭折的事例数不胜数。只有让自己的目标始终如一，抗拒诱惑，具备稳如泰山的定力，才能走完以后的路。如果想成就自己的事业，就一定要做个目标始终如一的人。"无志之人常立志，有道之人立长志"，就说明了这样的道理。人生最重要的不是所站的位置，而是位置所处的方向。你从何处来或许不重要，重要的是你将要去往何方。只要自己的方向一直明确，就永远不会失去自我。狡猾、暧昧总会用美丽的外表伪装一切，在向你缓缓靠近时，总会不停地散出诱人的气息，逼迫着你的免疫功能全部瘫痪。而寂寞却能让你重生抵抗力，在一种冷静的思维里，你会思考，你会分辨，然后就知道如何去应对。

面对人生的磨炼，从容淡定是一种气度与志向。它可以让你在潮起潮落的舞台上洒脱娴静。人生之路艰难如翻山越岭，只有达到从容淡定的境界，才能面临欲望与诱惑时心无旁骛，面对荣誉时镇定自若，遇到困难挫折时矢志不渝，在喧嚣与浮躁面前聚精会神。当人生处在挫折、困难的低俗时，也就是修炼自我的关键时刻，更应该耐得住寂寞。从失败中找到有利的东西，不断地丰富自己，就能学到很多宝贵的东西。所以不要羡慕别人取得多少成就，坚持着在寂寞中等待，总会迎来属于你的那一刻，任何伟大和辉煌都是熬出来的。

外面的世界很精彩，外面的世界也很无奈。精彩意味着诱惑，财色名利就像娇艳的女子，不断诱惑着人们，腐蚀着人的心灵。如果你稍有放松，它就会让你神魂颠倒，不顾一切地成为它的奴隶，进而永远被它控制，也就只能剩下无奈。精彩和无奈共同呈现着这个世界的纷杂和烦乱，人们就在这种精彩与无奈中挣扎着。如何面对寂寞，总在现实的社会生活中折射着人生不同的追求和价值取向。对于某些人来说，寂寞是其无能、无为、无聊心态的素描，而对于那些有能、有为者，寂寞则是对追名逐利、战胜浮躁的鸟瞰。他们不屑于市侩俗气、纸醉金迷，而在宁静淡泊、清心寡欲中默默耕耘的一种精神境界。惯于寂寞者总有自己广阔的心灵世界，有自己理想的期冀，更有一颗赤子之心和默默奉献的情怀。

有人说，守得住寂寞是一种悲壮的美丽，是呼唤理性的天籁，是人生宝贵的箴言。所以成功喜欢与那些守得住寂寞的人交朋友，而浮躁却是人生的大忌。对寂寞的忍耐要经得起时间的考验，这种气度与修养、这种克制与坚守、这种信念与定力，总是不停地受着新形势和环境的挑战。不抱怨、不叹息、不坠落、胜不骄败不馁应该是顺其自然最好的活法，可以让人很释怀地走好前面的路。顺其自然是一种处世的哲学，它不是宿命论，应该是很受用的处世之道。要求人们在遵守自然规律的前提下，积极探索。它并不是要告诉人们不作为，相反则是应该有所为、理智所为。

人生总会面临着太多的诱惑，如何经得起诱惑，对于人来说就是一个非常深刻的话题。一个成功的人，总会恪守住自己的心灵，以一份从容、淡定的心态，以一种明辨是非的智慧，成为人生的最大赢家。

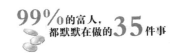

 ## 没有凭空想象，有钱人总是脚踏实地

> 人在创业时，需要强烈的欲望，你的人生面对一次或多次转折总是受着欲望的影响，强烈的欲望会让你战胜矛盾和犹豫。不管是成功失败，人生的改变总要付出代价。要想改变生活，不但需要十足的勇气和渴望，更需要付诸十足的激情。而人的欲望会使一切的可能变成现实。

人的意识决定着人的一切行为，当你非常强烈地渴望成为富人，就一定会沿着这条路走下去，你的思想、行为以及所做的一切，也会朝着这个方向努力，就会让你在人生的某一个站点上如愿以偿。但如果只是幻想成为富人，那只能说是做梦。对于刚入职场的新人来说，最基本的目标就是先找份好工作。只有认认真真地工作，不断学习和进步，才会对今后的赚钱有帮助。达到一定阶段，有了雄厚的经济基础作支撑，就可以自由发挥。敏感地捕捉好赚钱的商机，找准方向，在专注的经济区域内进行投资。

成功的过程并不是很简单，应该说坎坷造就了成功，所以总会有不安现状的人为之倾倒。富人会说钱是王八蛋，而对于穷人来说却是稀缺之物。虽然陶渊明能从贫困中找到乐趣，但很少人有他的那种胸怀，所以面对钱的羞愧和苦涩，总显得一无是处，有时甚至为留不住尊严而尴尬。虽然有些人追求以苦为乐的情趣，但那也许只是很少一部分，大多数还是为自己种种无用行为的慰藉。创业的目的是为了给自己创造改变的机会、转折的机会，以获得成功的机会，不管这种机会促成成功的比例是多少，只要方向对了，就总会有成功的几率。所以，面对生活中的种种挫折，不管有多苦多难，都要坦诚面对自己的内心。

不要找各种理由，一边说渴望改变，一边又矛盾地留恋着现状温暖的窝，不肯经历风雨。没有付出，不可能有改变，不肯走出，梦还是梦，不可能看到绮丽的彩虹。创业路并不是绝对的难，即使让你去捡钱，还需要弯腰，如果总是犹豫不决，考虑这顾忌那，结果钱就被那些行动快的人捡走了。只要走出第一步，就没有回头的余地。行走在创业路上，也并不是立刻就会有机遇和运气。

穷人总会自命清高、固步自封，喜欢批评别人的短处，看不惯这又看不惯那。穷人之所以穷，就是他们看不到自己的短处，也看不到自己的长处，更不知道如何经营自己的长处。而富人却很善于经营自己的长处，利用自己的长处拼搏，所以富人会比穷人更现实、更积极、更富有激情，不怕挫折和失败。因为更富有拼搏的精神，所以富人就赚取了更多的财富。人并不是天生就有贫富之分，每个人都是赤裸裸地来到这世间，穷人之所以会变得越来越穷，富人变得越来越富，是因为穷人和富人的处世态度不同。穷人遇到问题时，总是把责任先推到别人身上，看到困难就一味抱怨。而富人对待问题首先是思考，然后找到自己优势所在，积极行动、努力拼搏。

所以在我们遇到问题时，不要去抱怨，也不要气馁。不要老是批评别人，要学会思考如何去经营自己的长处，敢用自己的长处去拼搏。不要看到别人富裕时就困惑，为什么在这个世界上同样做人，别人显达、富有、成功，而自己却平庸、穷困、失败？其实困惑没有用处，应该想着如何摆脱贫困继而成为有钱人。要勇于正视困难，不要把达到这一目标看作是困难的事，更不要归咎于命运、机会的不公。应该想到别人做了多少，我做了多少？别人没去做的，而我为什么非要去做呢？

一则创富的传奇故事又开始上演。碧桂园在香港交易所挂牌上市，吸引超过60万香港股民认购。上市首日开盘报价700港元。

持有碧桂园发行的95.2亿股的大股东杨惠妍，一举超过玖龙纸业的董事长张茵，成为新一代的内地首富，身价为666.4亿港元。杨惠妍是桂园创始人杨国强的二女儿，碧桂园公开招股的同时，杨国强把自己的股权转让给了二女儿杨惠妍。

而更让人心动的还是这家公司的创始人杨国强，他的创业致富的经历，令人热血沸腾。杨国庆曾经在家放牛种田，长大后做过泥水匠和建筑包工头，先从建筑行业做起。就这样，一步一步做起，不断积累经验和资本，为今后的事业奠定了基础。1992年，杨国强首次发展碧桂园楼盘，业务越做越大，遍布珠江三角地区。从1999年开始，集团每年楼盘销售总金额均超过25亿元。由于杨国强出生在农民家庭，可以算是地产界的草根富豪。他脚踏实地、敢作敢为的品质，为诸多年轻人树立了绝佳的榜样。

杨国强虽然出生在农民家庭，但却经过自身不断的努力，成为地产界响当当的大人物。试想，如果杨国庆只是凭空地想，或许我们就看不到如此成功的他了。所以，要想有钱，就要激发自己创业的欲望，用这种动力督促着自己不断地努力，让自己成为在金钱方面富有的人。

如果你仔细留意一下身边，发现我们周围的有钱人越来越多。从1999年开始，在每年的胡润百富排行榜中，每年都有很多新上榜的富豪，所有榜单中的人员，其总资金也越来越多。于是英国人胡润就这样评论，在20年前，人们觉得万元户已经是很了不起，但现在，"亿万富翁"已经成为人们非常熟悉的概念。中国人民大学社会学系郑也夫教授也这样分析人们关注定价的心理，排名实际上在向人们透露崇尚财富、追逐财富，从个人财富的积累过程中得到启示的信息。从大众心理分析，人们总是想知道别人有多少财富，因为每个人都需要以他人作为参照系，来给这个社会分出层次，钱当然是一个指标。

有钱人的不断增多，与当前中国经济的大发展有着密切关联。经济的活跃使各种各样的商业机会自然而然地就多起来。一些先知先觉能够抓住机遇的聪明人，往往能脱颖而出成为最大赢家。这些百万富翁、千万富翁、亿万富翁的出现，让我们看到整个时代整整前进了一大步，同时也唤起普通大众的创富热情。他们都在渴望着向钱看齐。于是大家共同关心，究竟拥有多少资产才称得上是有钱人，要回答这样的问题还真不是件易事，毕竟各地区由于经济环境不同，其标准也会有相当大的差异，能称为富豪的人，资产规模应该不低于1000万。

看下刚毕业参加工作的两位年轻人，是如何经营自己赚钱的小算盘的。

一天，女友说："老公，你说咱们怎么才能变得富有？"男孩说："我想我们光在这里想，天上是不可能掉下馅饼的。"女孩说："嗯，我知道，我们去赚钱吧！""这确是个好主意。"男孩回答道。过了几天，男孩发了工资，想给女孩买个包，于是两个人去了不远处的一个批发市场。

去了以后，男孩可能觉得那里的包不是很好，便对女孩说："我想花几百块钱给你挑一个，不要在这里了，我们去别处看看吧。"女孩说："先看看吧，我觉得这里的包还挺不错。""那好吧，"男孩无奈地说。女孩又说："我有个想法，你可不可以多拿些钱，咱们可以把你给我买包的钱，多买几个这种包，然后我们就可以去卖。"

男孩很高兴地说："咱们先拿1000买这些包试试，看能不能赚钱。"于是他们当天晚上就去卖皮包，结果赚了200多块钱。于是两个人都增强了信心，第二天他们又去卖，虽然没有头一天赚得多，但是总算功夫没有白费，没有几天就把皮包全部都卖完了。女孩高兴地说："老公，多好赚钱啊，我觉得比我上班赚钱开心多了。"男孩说："是的，咱们还要坚持下去，只要不断努力，我想我们肯定可以赚到更多的钱。"

钱是赚出来的，而赚钱要付诸行动，投入热情，没有行动和热情，总是在那里空想、空谈，什么时候也赚不到钱。许多人都会常问这样的问题，我能不能成为有钱人，其实每个人都有机会成为有钱人。曾经在一本名为《白手打天下》的小册子里有这样一句话：工资可能使你安全地生活，可是如果想成为真正的富翁，就必须让自己投入到变幻莫测的市场中去。那些成功的创业者，虽然他们创造财富的途径不同，拥有的财富也不一样，但绝大部分人，刚开始时都过着很贫穷的生活，而通过自身努力，创造出一个又一个创富传奇。

致富的路径也许会很多，但最基本的方式应该是创业和投资。改革开放后，致富良机总是一次又一次地出现在人们的面前。20世纪

80年代，很多经商的个体户都成了万元户。当初人们死盯着的饭碗现在已经不保险了。在90年代，被很多聪明人认为股票是"傻子"游戏时，可是它却造就了大批富翁。跨入新世纪后，楼市的爆棚又使一大批人富裕起来，资本迅速膨胀。由于能赶上财富浪潮的人毕竟还是极少数，许多人就会担忧，以后是否还有继续创富的机会？其实，只要你想成为富人，在什么时候起步都不晚，尤其是在如今市场风云变幻的移动互联网时代，过去、现在、境内、境外到处都充满着商机，就看你如何去把握。

想要赚钱，一定要注入热情和行动，所以不需要再去问是否自己可以成为有钱人，如果你不去做，永远也成不了有钱人，只有实际行动才是真理。

纵观世界各地创富成功的故事，像房地产、股票、基金等投资，会给人带来不小的财富效应，出现了巴菲特这样的投资大师。但如果成为真正的有钱人，最基本的途径还是要通过创业来实现。创业是获得财富最有效的途径，投资却是资本扩张的辅助手段。如果能牢牢地抓住这一点，就会很容易成为有钱人。当然，要想达到有钱人的目标，也不是容易做到的事，用什么样的观念该付诸什么样的行为；在什么样的环境中，又该掌握何种技能；如何完成从普通人到有钱人的转变，都需要具备一些特别的要素，以此让财富基因在你的身上迅速膨胀，否则就只会在原地打转。如果想成为有钱人，就必须从观念、思维方式乃至行为方式，努力向有钱人看齐。多与成功人士打交道，去感悟他们的成功经验和要点。要根据自己的资源、优势等，找准自己的位置适合做什么，由此选择职业。

但不管你选择什么样的职业，创业的精神应该是最主要的。要敢想、敢干、勤奋、吃苦耐劳、锐意进取，不安于现状；一定要舍

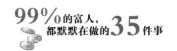

得付出，敢于拼搏；要勇往直前，当遇到困难时不妥协，认准的目标就不轻易放弃；注意节俭，不要铺张浪费。那些每天工作八小时，总抱有打工心态的人，也许一辈子也不会成为有钱人，所以要永远想着为自己工作，做自己的主人。总有一天，你所有的付出总会换来丰厚的回报。

事实证明，绝大多数富翁在成功之前都有着强烈的企图心，也是这种冲动让他们找到了致富道路。一夜暴富的神话时代，已经一去而不返，选择一个适合自己的方式，抱着持之以恒的心态，用心思考经历中的成功与困难，一步一步走得更稳固，并以全身心的精力经营自己的事业。

脚踏实地，是成功人士必备的品质，如果要想实现自己的梦想，就必须调整好自己的心态，抛弃投机取巧的念头，更不要凭空想象，应该从一点一滴的小事做起，在最基础的工作中，在最平凡的岗位上，不断地提高自己，为自己的职业生涯做不断的积淀。

兴趣是人生最有效的向导

> 曾国藩曾说过，世上没有庸才，只有放错了位置的人才。"认识你自己"作为象征世间最高智慧的阿波罗神谕，被镌刻到古希腊阿波罗神殿的石柱上，启迪着即将创业的人，告诫人们一定要发现自己的兴趣和特长，而且发现得越早，就越有可能避开弯路。

盖洛普说，成功就是充分实现你的潜能，而这取决于你能否准确识别并全力发挥人的天生优势。所谓优势，就是你不费很多力气，天生能做好一件事，而且可以比其他人做得更好。不要抱怨自己天赋平平，每个人都有自己的过人之处，要找到你擅长的地方，专一地学习、奋斗，并集中精力投入到这个领域，就会取得比任何其他领域更多的成就。

对于每个人来说，现实中你想做的事，喜欢做的事总有很多。而且你也有责任去做你真正喜欢做的事情，不管你觉得这世界乱七八糟还是多么美妙，一切由你来决定。所以选择人生道路时，一定要担负起自己的责任。做事情如果只为得到别人的承认和夸奖，那根本不是自己喜欢做的事，所以在意识上就不会想着努力、热情地做。从某程

101

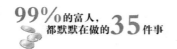

度上说，可认为这是在偷懒，总是做着"应该做的事"和"不得不做的事"，而不去做"想做的事"，那其实是在对"创造自我价值"的逃避。

兴趣要符合社会发展的趋向和大多数人的利益，兴趣并不是无原则的偏执，要为大多数人创造价值，而且这种价值应该是持久的。虽然说天生我材必有用，但也要明辨是非，不能一叶障目、不见泰山。当你选定你所擅长的领域后，就很容易割舍，不去计较薪酬，会忘记工作时间，更不会在乎工作地点，还能抛开职位高低。这样，你就会知道自己想要什么、应该做什么，从而让自己拥有一份真正意义上的职业乃至人生规划。所以，不要只去听信别人说"我应该这么做"而搁浅了"我想这么做"。生活本来就是在逆流中前行，要有自己的生活方式。如果因为被别人的思想所束缚，把你自己想做的事放弃，就会失去自己意愿中希望去做的事。要坚持真我，不要轻易地随大流。

也许很多人家庭和睦，事业光彩，看上去很幸福，却弄不明白自己的人生期待的是什么，总会在人生的定义里存在他人的概念，找不准自己的位置。如果只是一味地抱着"您有什么样的要求需要我去做"的态度，就很容易迷失自我。所以，不要等着要来做什么，应该去主动地想自己该做些什么。一个人如果只想着为别人做，幸福的指数就不会很高，心里当然会萌生抱怨。觉得自己被伤得很深，却不被人理解，不管你如何去抱怨，也没有人帮你完成你应该做的事，最终还得停止抱怨，继续做没有完成的事情。

人生的旅途很短暂，很多时候，你左顾右盼，还没等你回过神来，生命就已经到达了终点。人心是不待风吹而自落的花，"你来生的，还是来死的"？人既然活着，就要体现出自己的价值，如果老是压抑着自己的个性，只为形象而活，就没法活出人生的光彩，生命对你来说，也许就是时间的萎缩。所以，人的一生不应去在乎别人怎么看，更不要把自己的事建立在别人的观点上，自己一定要有活着的主张。世上没有两个完全相同的人，而生命也不是赛跑，毕竟每个人的起跑点不同，不可能处在同一条赛道上，也不可能同时起跑到达终点。也许在你欣喜若狂地发现超越一个人时，而不远的前方却有比你跑得更快的人。

每个人都有自己的梦想，都想做自己真正想做的事，所以你无须去为顾忌什么面子，而去做所谓的光彩的事。"神马都是浮云"，这只是网络流行的一句调侃的话，但也折射出了豁达的人生观。你的人生是为自己而活，去做一些你喜欢做的事，以此创造的价值去刺激人生，就会获得意想不到的成功。所以也就更无须去顾忌别人怎么样，关键是要激励自己去努力，适合自己的才是最好的。在生命唯一的历程中，你的价值里只有自己。当你按你自己的兴趣去做时，就不存在赛跑的概念，因为你活着是为自己而活，当成功地实现人生的价值时，会让你独立的人格增添生命的个性。

2003年时，孙云丰还是苏州的一名普通推销员，他从事包装材料已经有三年时间，业绩也不错。业余时间，他会在互联网论坛上以搜索狂热分子的形象出现。从2000年起，孙云丰在搜索论坛上不断地发表自己写的《搜索从入门到精通》连载，引来各路高手赞叹。他对搜索引擎着了迷，到处宣扬自己的判断——搜索引擎将对人类生活产生革命性影响。

不过，他在网上发表文章，纯属是自己的爱好。然而，2003年年底的一天，他接收到百度公司邀请，问他是否有兴趣去百度做个PM。

而不了解PM是干什么，也没有系统学习过搜索技术的孙云丰，就冲着"搜索"两个字兴冲冲地到百度面试。但对搜索技术来说，他实在了解得太少，这使得面试结果很不理想，于是他便想打道回府。他想：那就算了吧！我继续做我的推销员。

回到苏州后，心绪无法平静的孙云丰意识到，这次面试把他已经带到搜索引擎世界的门口，也使他第一次认真地检视自己内心真正的追求。他发现原来自己对搜索引擎竟有着如此无法割舍的喜爱，因此并不甘心，认为自己能做好、也愿意去做好百度PM这份工作。

经过好几天的考虑，孙云丰给当时的百度副总裁俞军打电话说："我真很想去百度做搜索，而且我相信我能干好，不用给我头衔，工资不比我现在少就行。让我先干一两个月怎么样？"

百度把机会给了孙云丰，而事实也证明孙云丰确有其长。仅到百度一个月，他以自己对搜索引擎的各项关键指标的理解，就为百度建立了搜索引擎评估体系，使之成了后来百度网页搜索发展的一块关键基石。

因为喜欢所以才会更努力去做，也就更使得自己的特长得到发挥。孙云丰给我们的启示就是，既然喜欢就不要放弃，相信自己，只要是自己的特长，再经过不懈的努力，定会获得不菲的成绩。华德·狄斯奈讲过一句话，你一定要做自己喜欢做的事，才会有所成就。很多人认为做自己喜欢的事情很困难，毕竟大多数人都在做自己讨厌的工作，却又必须逼迫自己把讨厌的工作做到最好，于是就会失去动力，就遇到事业的瓶颈没有办法突破。虽然会不断地征求别人的意见，却还是照着一般的生活方式进行，工作只能停留在原地，不会有进展，这当然也不是明智的职业者要做的事。如果长期压抑自己的兴趣，以后就弄不清自己喜欢什么，那样就更没法正视自己的人生，你的价值就会淹没在唉声叹气中。

当自己竭尽全力去做一件事，却没有成功，并不意味着你做任何事情都无法成功。可能你选择的职业不太符合你的天性，当然就没法出人头地。洛威尔说，做我们的天赋所不擅长的事情，往往徒劳无益。在历史长河中，因为做自己所不擅长的事情而导致理想破灭者不胜枚举。当你所有的才能得到充分地发挥，你就会认识到自己真正擅长的是什么。当一个人的天赋与个性完全和手中的工作相协调时，才会干得得心应手。

你可以在某一段时间里为自己不喜欢做一些事而苦恼，但最好是尽早能从这种状态下解脱出来。英国散文家托马斯·卡莱尔说，世界上最不幸的人，要数那些说不清自己想做什么的人。他们在这个世界上找不到适合自己的事，简直无处容身。

莫里哀和伏尔泰都是失败的律师，但前者成了杰出的文学家，而后者却成了伟大的启蒙思想家。卡莱尔说，发现自己天赋所在的人是信任的，他不需要其他的福佑。他有了自己命中注定的职业，也就有了一生的归宿；他找到了自己的目标，并将执著地追寻这一目标，奋力向前。要想选择好工作，首先要问问自己的兴趣是什么，一个人如果能够根据自己的爱好去从事事业，其主动性就会得到充分地发挥，即使十分疲倦、辛苦，也总会兴致勃勃、心情愉快地面对。当遇到困难时，总想着百折不挠地去克服它，而不会灰心丧气。也许仍然会有所发现，当你做自己喜欢做的工作时，丝毫不觉得是在工作，倒好像是在做游戏。

每个人小的时候都会被人问到，你长大了要做什么？那时的梦想随着年龄的增长，就像美丽的肥皂泡一样慢慢破灭。可以环顾下周围的人，有几个人在从事儿时梦想的职业。为什么会发生如此大的变化呢？因为长大以后，很多人无法从事自己最感兴趣又能发挥自己特长的工作，所以梦想就渐渐消失了。所以，每个人都要认清自己的兴趣，找到最能发挥自己特长的工作，才会成就一番事业。

曾经有一位中学生向世界首富比尔·盖茨请教成功的秘诀，盖茨说："做你所爱，爱你所做。"台湾圣国企管顾问股份有限公司总经理、国际成功学讲师余正昭先生在介绍成功之道时说："成功最重要的一点是找到你的方向。"大部分成功者，都会把握好自身的优势，并加倍强化这种优势，完全投入到自己所喜欢的项目之中，便将这种富有特长的兴趣和爱好发挥到极致。所以在选择职业时，不要想着要赚多少钱或获得多大的名声，应该先问自己对哪些工作感兴趣。以便更充分地发挥自己的潜能，选对将来有所成就的职业。

船停泊在港湾最安全，但船的作用却不在此；人躺在地上就不会跌倒，但这不是活着的目的。有一首诗说，坟墓是幽静的地方，不受干扰，但没有人愿意在那里休息。人生在世就要去体验，只有勇敢地迈入未知的领域，才会更深刻地领悟到生命的真谛。尝试未曾做过的事，才会学到更多的经验。心理学家威廉·詹姆斯也鼓励大家，应该勇敢去尝试，换换工作，过不同的生活。当你真对某个领域感兴趣时，可能在走路、甚至做其他事时都会念念不忘。也就是说，你对这一领域有激情，你才愿意甘心为它付出。

用心寻找，你就会发现，如果自己失去了人生的方向，不必去世俗中灯红酒绿之或是繁华熙攘中找回，让自己喘口气，给自己一点时间和空间，想想什么对你是重要的，冷静地思考一下便会有所感悟，你所忽略的仍然在你的心里面。

人生最重要的就是心安理得地去自己喜欢的事。你必须相信这是有可能的，等你发现自己喜欢的事，你就可以回答这样的问题：我这辈子想做什么？在你的工作中，总会有兴趣左右着你，所以在选择职业时，一定要先考虑到自己的兴趣。有句话说，男怕选错行，女怕嫁错郎。不要因为你不明智的选择，使自己郁郁一生不得志。

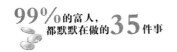

 ## 只做自己能做的事

> 如果一个人长期做一件自己不喜欢做的事，就很难成功，但如果一个人专心致志地做一件自己喜欢的事，就说明他具备做这种事的素质、有天赋，做着顺心，当然就更容易成功。做自己能做的事，不要让心理情绪成为你人生路上的梗塞，要做快活的自己。

只要人们生活在世间，其所作所为就会被人评价、议论，就像太阳东升西落的定律一样，亘古不变。所以，在生命的舞台上，每个人都是自己的主角，而别人只是旁观者。当面对所有的评论和议论时，不必太当回事，如果能得到认同当然最好，但也不能去勉强，可以把意见当作选择性的参考，而主要还是以自己的意志为主。不必为别人一句无的放矢的话而浪费任何精力，举个简单的例子来说，如果有人为哈哈镜里照出来的自己而苦恼不已，那只能说其是庸人自扰。现实生活总是残酷的，为了生存，许多人不得不做自己不愿意做的事情，而且似乎习惯了在忍耐中生活，能有勇气做出改变的人似乎不多，但是，人生需要的是对自己的所作所为问心无愧，而这个"心"是指自己坦然面对生活的心。

忠于自己的感觉，做自己想做的事，是一个人生命活力的来源。作为有生命的生物，人生下来都要做事情，而且是生命存在不可或缺的部分。生活中最大的幸福感不是金钱方面的满足，而是能够放手做自己真正想做的事，而且乐在其中做到最好。把事情做极致、做精纯而且轻松自在，是做人的高深境界。最大限度地挖掘潜意识，找准自己想做的事。走自己的路，只要愿意就可以去做任何事情，不必非要找到一个明确合理的理由。做自己想做的事，很多情况下做起来并不是想象中那么容易，但一定要用心去争取。如果做的是自己喜欢的事，并为之付出了不懈的努力，就一定要坚持下去。很多人之所以没有成功，就是做了社会上想让他做但未必真心想做的事。而很多人之所以成功，是因为做了自己想做的事，这些事适合他们的天性和本能。

一个人要做自己想做的事情，才最有可能成为行业中领先的人。我们时时刻刻感觉到生命是如此短暂，因此，应该抓住有限的时间，全力去做自己想要的事。将那些与自己无关的事扔在一边，不要让利益和虚荣遮蔽眼睛，少做与目标无关的事。没必要去抱怨自己什么，唯一改变的就是要让自己保持身心平静，态度严谨、精神专注，有着侠者的勇气和意志。听从内心的声音，做自己真正想做的事，做自己想做的人，不必去在乎别人怎么看。

上苍在赋予一个人生命的同时，也赋予了人独特的使命。做自己想做的事，在漫长的岁月里，每个人的使命都潜藏在自己的心灵深处，当独自静想，专注地倾听自己的心跳时，就会听到那个来自心底的声音，它会告诉你，你的人生方向在哪里。而遗憾的是，人们的目光总容易被滚滚红尘中的灯红酒绿所吸引，耳朵太容易被嘈杂喧嚣所干扰。于是，在渐行渐远的岁月深处，就难以听清自己内心深处最真

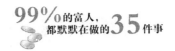

实的声音。

在日常的生活中，我们的选择太容易被世俗的观念所左右，如职业要体面的、薪水要丰厚的、环境要舒适的，放任自己在物欲的世界里沉醉，却抛弃了自己的内心是否充实、安宁、充满成就感。而人生在世，只有做自己最想做的事，才是一生的幸福所在。抓紧时间去做自己想做的事，当年近半百时，莫让自己流下感叹的泪。人生都是在不断地进进退退，所以就会有人说：退一步冰雪消融，退两步春暖花开，退三步海阔天空。这样的境界足以让你拥有一个幸福的人生。生活不需要耍小聪明，做自己力所能及的事，才是人之本分。小鸟飞翔在天空中，歌声嘹亮而悦耳，增添大自然的生机，是它们的本分、本事。而人的本分就是安分守己，使自己的价值发挥到最大程度。如果只想展现本事，却不愿守住本分，导致人生方向出现偏差，是一件很可怕的事情。

一位靠卖鱼维持生计的年轻人，有一天，他一面环视四周一面吆喝，希望能看到有人买鱼，突然从空中俯冲而下一只老鹰，从他的鱼摊叼起一条鱼，立刻飞向空中。虽然卖鱼郎很生气地大喊大叫，可是不起任何作用，只能无奈地看着那只老鹰越飞越高、越飞越远……他气愤地自言自语说，只可惜我没有翅膀，没法飞上天空，否则我绝不放过你！

那天他回家经过一座地藏庙，就在地藏庙前跪着祈求地藏庙王菩萨，保佑他变成能展翅于天空的老鹰。从此以后，每天他经过地藏庙，都会这般殷切地祈求。看到他天天向菩萨祈求，一群年轻人很好奇地相互讨论，其中一人说："这位卖鱼的人每天都在这里祈祷，希望自己能变成一只老鹰，飞到天空。"另一个人说："哎哟，他傻傻地祈求，要求到何时？不如我们来戏弄他。"大家交头接耳，最终想了一个方法戏弄他。

第二天，其中一位年轻人在地藏菩萨像的后面躲着，卖鱼郎来了，照样还是像过去那样虔诚地祈求、礼拜。这时菩萨像后面躲着的那位年轻人就说："见你求得这么虔诚，我可以满足你的愿望，你到河边找一棵最高的树，然后爬到树上试试看。"

卖鱼郎一听，非常高兴，真以为地藏菩萨显灵而做出指示。于是，他赶忙跑到河边找到一棵最高的树，然后爬到树上，但那棵树实在太高，他越往上爬越感觉担心。当他爬到树顶低头往下看时，心里十分害怕。哎呀，这么高，我真能飞吗？卖鱼郎自言自语。此时，那群年轻人跟了上来，在树下故意七嘴八舌地嚷嚷。其中一位说："你们看，树上好像有一只大老鹰，不知它会不会飞。"另一位大声应和着："既然是老鹰，一定会飞嘛！"

卖鱼郎听着心里很高兴，他想，他们竟说我已变成一只老鹰，既然是老鹰，就不可能不会飞啊！于是，他摆出展翅欲飞的架势，展开双手，从树顶跳下去。可是，他发现自己一直在下坠，而不是在飞，顿时惊恐万分，但已经来不及。幸好他落在了泥浆地，身体陷入烂泥巴和水草之中，只受了轻伤。那些年轻人跑过来，幸灾乐祸地取笑他。他却幼稚地说："我是两只翅膀跌断了，又不是飞不起来啊，有什么可笑的！"

故事中卖鱼郎让人觉得很愚昧，人能长翅膀，想想都觉得可笑，可是他却偏偏信以为真。被别人戏弄，仍然不知自己愚昧，跌倒后还强辩道只是两只翅膀断了，使其飞不起来。本来做不成的事，要去强求，结果怎么样呢？当然只算作别人的笑料吧。所以，人应该做自己

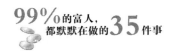

力所能及的事，千万不要脱离了人之本分。

人要做自己力所能及的事，不要违背自然规律，否则就会受到自然法则的无情处罚。人的一生中，有天真烂漫的童年，而且还伴有幼稚的幻想，总会因为不懂世事经常犯错误，可以任凭性格为所欲为；也有风华正茂的青春，用尽情的冲动，毫无顾忌地树立抱负和理想，如鱼得水地在知识的海洋里畅游；还有踌躇满志的中年，尽情地释放积蓄的知识和能量，尽情地展示自己的知识和才华，忘我地实现一个个设定的目标，在人生的舞台上展示自己。而人生最难过的应该是老年，健康的隐患会错失良机，或许老年最难过。鉴于人生的不同经历，做人要做自己力所能及的事，凡事要量力而行，切不可与自然规律抗衡。为了健康，为了活得精彩，为了活出质量，就一定要做自己力所能及的事。

做自己力所能及的事，是不断地提高自己的工作技能，使每件事都能做到位。经历量变到质变的过程，就会使工作有成就感，对工作充满自信，继而创造不平凡的业绩。特别是刚走出校门的大学生，更应该做自己力所能及的事。很多大学生虽然对未来充满了美好的憧憬，但缺乏工作经验和技能，又不肯在一些小事情上多下功夫，认为去一线既浪费时间，又学不到有价值的东西，还又脏又累。殊不知一线工作经验的是积累，是一笔永不贬值的宝贵财富。活着一定要有所作为，首先要问一问自己到底能干什么，如果连自己的需要都不明白，就可能使你做出完全相反的选择。给自己的梦想留一点时间，成功的定义与方向就决定于你想要什么，由于你对成功的定义有不同的认识，也总会让你的愿望有所改变。因此，要让自己为自己做决定，做你觉得有价值、有兴趣的事情，才是最能满足你、最有意义的决定。要及时放弃毫无意义的固执，告诉自己，总有别的办法可以办到。

要以比较宽容的想法去看待其他事情，当你看淡一些不相干的事情，就会在不必要的事情上减少注意力。对自己负责，就要敢于挑战，生命之权操之在己，不管别人有多少意见，一定要由自己做出决定。一个人真正地活着，不能是做几千遍的幻想家，应该用行动证明自己具有成大事的能力。一定要给自己打气，正确评价自己的专长并利用微笑鼓舞自己，恢复优越感与自信心，相信自己能打出一片天下。人们常常会困惑于智慧到底从何而来，从何而去，又如何去捕捉智慧的光芒，如何在成本与利润的衔接点上找到平衡。

每个人都会面临着不同的障碍，最大的障碍来自于自身，而不是别人。要保持冷静的头脑，不要因为缺乏必需的力量而否定一个可能的观念或构想。随时提升自己的思考能力，改变你的想法，也就意味着改变生命中的理想、兴趣，以及做事优先次序的方法。要集中注意力做好每一件事，最大限度地挖掘潜意识。就像一座肥沃的田园，如果不播下美丽果实的种子，就会让杂草在田园里蔓延生长。所以，要有意识地运用创造性思维，去播下积极的种子，不要因为疏忽、不认真而任由消极性甚至破坏性的种子进入到田园。

当机会到来时，如果对其麻木不仁，就会与其失之交臂。被动地等待或守株待兔，等于把自己的命运交给未知的外力来决定，是浪费时间、错失良机的举动。如果你有追求的目标，发现机会就不要放手。不要在反复考虑之间流失本来应该属于你的机会。所以，当机会到来时，应该立即打开大门迎接，以免在你稍稍迟疑之时，丧失了即将到手的机会。

做力所能及的事，需要摒弃浮躁的心灵，多一分淡然自若的心态。中国自古崇尚精英式的教育，即是让每一个人都做"伟人"、

"强人"。而社会却是由形形色色的人组成，不可能每一个人都是强者，但可以让每一个人尽其才、展其能，做自己力所能及的事，充分调动和发挥每个人的真实价值。

自我充电，不断地完善自我

在高度信息化时代，没有知识的人越来越寸步难行。而最可怕的不是你没有知识，而是没有学习的意识。最可悲无望的人，就是那些贫困没有知识，而又没有学习意识的人。随着经济飞速发展，知识更新速度不断加快，终身学习已成为每个现代人生存和发展之路。

一个应聘者是否有过硬的技能，证书是一个有效而直接的衡量指标。尤其是在全世界范围内都具有极高知名度的企业，求职者必须要持有相关证书才能顺利进入行业，所以，证书是打开企业之门的钥匙。英国技术预测专家马丁测算，人类的知识每三年就会增长一倍，所以在西方流行这样的一条知识折旧规律：如果你一年不学习，你所拥有的全部知识就会折旧80%。我们要适应这个知识爆炸、信息膨胀的时代，而一些拥有某种专门技术的人，仅在单一技术方面发展，会显得知识面过于狭窄，不适合时代的发展，而且所拥有的知识和技能很容易过时。为此，很多人因为没有持续学习，未进一步发展专业能力而被别人超越，从而让自己丢掉了饭碗。所以，而只有不断地进行自我充电，才可以降低失业风险。

自我充电，不但是自我进一步发展的需要，而且是一笔很划算的投资。时代总是在不断地变化之中，这就需要人们"活到老，学到老"，不断地进行自我充电。对于职场中的人来说，学习新知识不断地提高自己，与每天保持着干练的职业形象同等重要。要坚持与时俱进，即使你的专业很出色，也必须要通过不断地学习充实自己，提升业务技能。

世界500强企业对应聘者的学习能力十分重视。他们觉得应聘者是否具备强有力的学习能力，能否通过掌握本领域最新的知识，使自己及时升级，是能否在该领域内立于不败之地的决定性因素。人的思路决定着一个人的出路，不断地进行学习，可以改变人的思想、观念，进而改变人的一生，拓宽人生的宽度。学识和经验的增长，需要一个不断总结、积累和更新的过程。所以要不断地进行学习，抱着持之以恒的理念，从点点滴滴中积累知识和经验。

任何人只要停止学习就会退步。知识的力量总是无穷的，在知识经济时代，勤于学习、善于学习，更应该终身学习，才能在竞争激烈的社会中立于不败之地。很多人在学校时成绩平平，但往往毕业后却在学识及事业方面有惊人的表现，是因为他们在工作中不断学习，后来居上。在如今的社会里，你能通过文凭找到工作，但却无法保证你能在这份工作中一定会取得什么成就。现如今不光重视文凭，能力也不能忽视，所以一定要继续学习，在不断掌握新的知识和技能的基础上，一步一步踏实地发展。经过一年就能积攒一年的实力，经过两年就能积攒两年的实力。进而，10年、20年、30年………最终"大器晚成"。

很多人在干一份工作时，干过一段时间就觉得没有意思，就不想再干了。其实这种想法很不切合实际。虽然现代社会工作机会处处有，但如果不继续学习，那些工作机会将不属于你，因此，能干好一份工作，不断学习提升，充满工作的激情、生活的热情，也是很了不起的事情。如果觉得目前的工作做得很顺利，于是有放弃学习的念头，只想着每天过悠闲、安逸的日子，那这样的日子一定无法维持长久，甚至注定着你离失败不远。

不断地学习，就能不断地提高自己的业务水平，一直保持着向上拼搏的进取心，也是现代职场人的必修课。只有一直保持学习的态度，才会没有停顿，一直向前进步。对于任何人来说，"学无止境"都是至理名言，唯有不断地充实自己，才可以跟上时代的步伐。即使在创业的初期，丰富自己的知识，也可以少走弯路，以更快的速度到达目的地。如果想在事业上有所作为，就一定不能放松学习的脚步。成功的人永远都离不开学习，他们的学识使自己在专业领域里的工作一路领先，当机会来临时，往往能一鸣惊人。

西门子公司属于世界500强企业，非常重视培训。该公司认为，一个公司的技术专家有多少，职工技术是否熟练，是保证产品质量、提升效率、保持竞争能力的关键，这就使得该公司历任总裁很重视对职工的培训、培养，注重他们的文化、业务水平。

为了让公司的广大职工能真正受到培养，并且切切实实提高业务水平，1922年西门子公司专门拨款建立"学徒基金"用于培养工人，以便让他们尽快地掌握新技术和新工艺。经过几十年的培训，公司先后培养出数十万的熟练工人。近年来，还从厂内直接选拔数千名熟练工人送到科技大学和有关工程学院学习深造。

此外，还有8万余名青年工人在5000多个技术学校、培训班、教育班学习。在德国同行业中，该公司的技术力量最为雄厚，车间主任以

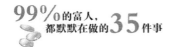
上领导人员都有工程师头衔,经理的领导层中,技术人员占40%以上,熟练工人占全体职工半数以上。高质量的技术生产出高质量的产品,也成为西门子公司经营的法宝和打进世界市场的有力武器。

西门子的成功经验再一次向我们说明了知识的重要性,不管身处何种行业、做何种工作,只有不断地学习,才能切切实实地提高业务水平,以跟上日新月异的时代发展。很多人都不会否认学习的重要性,可是真正能做到坚持不懈学习的人却很少,这就使得成功只属于极少数人。科技的发展带给人们的是挑战,使得知识的更新速度以几何级数增长,要想追求更大的成功,就需要不断地学习,汲取更多知识和经验,否则迟早会被时代遗弃。

职场新人来到一个新环境,非常缺乏经验,所以当立足新的岗位时,不要想着一下子就能做到最好。要着眼于眼前最基础的事,从身边的小事做起,如学习与同事沟通、跟客户面谈,学习如何打电话,并给自己每天制定一个工作计划等,通过对这些小事的不断摸索,或是在别人的指导下,就能不断地发现自己所面临的问题,就可以根据问题做出相应的调整,并做出总结,就能让自己的素质慢慢提高,以便为自己以后的发展打下坚实的基础。所以,学识和经验是一个不断积累的过程,要保持着持之以恒的心态,从点点滴滴中积累,并不断地进行总结、更新。

任何人刚来到这个世上,都是什么也不知道,只是在成长的过程中,对外界摄入的信息量的不同,而导致人的认识不一样。所以,对于一个人来说,对自我教育的投资比例要高于其他任何投资的利润。人们常说"艺高胆大",而信息的资本越大,收益的风险就越小,当然就会增强人的自信。很多人会认为,多读几本书或是多听那么几个讲座没什么区别，可是一旦有了这样的想法，意识就会有所松懈，养成遇事懈怠的习惯，逐渐形成恶性循环，小到让一个人丢官、丢命，大到导致国家灭亡。就拿一马失社稷的故事来说，就不可不让人警觉。而读书学习不是一朝一夕的事，即使每天只是比别人多读几页书，也会很快拉大与别人的距离，所以，读书不是一朝一夕的事，学习要争朝夕。

学习需要持之以恒，但如果只是一味地学习，只能算个书呆子，所以学习之前要先明白学习的目的是什么。在许多人的眼里，学习可能就是为了赚钱，而在很大程度上，学习还是为了解决明天的问题。所以不管是打工者还是老板，都要抓住任何学习的机会，学要用到，并且还要讲究速度。在生意场上，流传"一偷二抢"的话语，也就是"偷"信息和"抢"时间，以学习他人长处而弥补自己的短处。

人生是一个逐步认识、发现、探索、改造世界的过程，在这个过程中，始终贯穿着一个简单而复杂的工作，那就是学习。学习是人类的一项劳动，一种过程，更是一种责任。人首先是一种动物，要解决生存吃饭的问题，就需要不断地辛勤劳动，才可以获得充足的食物，以满足自己的生存需要。所以，人们在劳动过程中，就会不断地发现、思考、探索新的知识和方法，积累经验和教训，大大提高劳动生产率，从而让少部分人的劳动成果，满足大部分人的生存和需要。

智慧源于学习、观察和思考，变成富人的捷径就是向富人学习。在富人的言传身教中，能学到富人的经验和智慧，有一句话说得好，要想变得富有，必须向富人学习，即使在富人堆里站一会儿，也会闻到富人的气息。过去的失败并不注定以后的失败，过去的辉煌也不一定延续现在的辉煌。所以，过去的成功与失败不重要，因为那些都已过去，重要的是现在和将来，学习得越多，碰到的困难就越多，所以在学习的过程中，要讲究方式方法。必须有一个空怀和归零的心态。要想尝到更多的知识，就要像一块海绵吸水一样。

要想有一个好的学习，需要建立自己的学习规划和计划，并对学习过程进行合理严格的控制和调整，建设属于自己的知识结构，才能形成具有自身特殊性的人才素质，帮助自己在人生的旅程中不断认识、前进、发展。人类社会的不断发展，总会导致各种社会矛盾的产生，如人与自然、人与社会、人与人的矛盾。这些矛盾如果不能及时解决，必然阻碍人类社会的健康发展和进步，甚至导致社会经济倒退。所以，能否解决这些矛盾，是决定社会进步与否的前提条件。

古人讲，学而不思则罔，思而不学则怠。就说明了学习的两大要素。既要学习，更要思考。学习是一个认识世界的过程，而思考却是探索发现的必经步骤。以学习为基础，以思考为促进，就能使学习变得更加主动和有效。通过思考，可以知道自己喜欢什么，想学什么，将来会往什么方向发展，就会对学习产生浓厚的兴趣。

思考是学习知识的关键步骤，它能让学习的知识得以被大脑消化、吸收，并转化为知识积淀，形成自己特有的知识结构。学习的知识越多，认识也就越深刻。当这些知识在自己的大脑得到充分的转化，并被思维加以合理有效的利用后，我们就会认识和发现，越来越多人类社会发展所面临的各种急需解决的问题和矛盾。而这些矛盾能否得到解决，将直接影响到社会的发展和进步。

兴趣是人生的向导，它总会促使我们将学习的动力转化成强烈的社会责任，当这种强烈的社会责任感弥漫内心时，就会立即形成强大的动力，推动着自己以一种任何时候都无法相比的进取之心去探求，并发现问题的解决方案，让你一步一步地走向成功。而我们行走的过程，也是知识由欠缺到丰盈的过程，路边的各处美景都会影响我们的兴趣，使我们走走停停，停停走走，甚至改变行进的方向。而兴趣随时可以改变，但当我们拥有足够的知识时，就会逐渐发现这些美景的后面正隐藏着无限的险情，就会理智地去处理所面对的诱惑，如何不使自己陷入绝境，如何让自己从困惑中走出，又如何不为迷恋风景而耽误前方的路。

人生总在不断地前进，生活的日新月益，也要求人们要不断地努力学习，"活到老，学到老"，在不断变化的时代中，永远都需要自我充电。

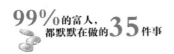

 ## 兴趣让工作更出色，使心情更愉悦

工作可以带来成长与荣誉，也会带来压力和迷茫。把兴趣爱好变成工作，或是在工作中努力寻找兴趣所在，就会让工作变得更有趣。在压力下感受美好，疲劳烦恼再强也会在你的快乐心态下黯然失色。

人们在从事各种实践活动时，良好而稳定的兴趣就会使人具有高度的自觉性和积极性。如果根据稳定的兴趣选择某种职业，会让兴趣变成巨大的积极性，促使一个人在职业生活中做出成就。但如果对所从事的职业不感兴趣，就会影响积极性的发挥，就不容易从职业生活中得到心理上的满足，当然不利于工作上的成就。职场压力大，如果不能在强大的压力磁场中享受工作的欢乐，就会使一系列的坏情绪接踵而来，出现上班没干劲、失眠打瞌睡、注意力不集中等现象。所以，趁现在还有一颗奋斗的心，及时改变方向，让工作的船靠近兴趣的海岸。如果你对现在的工作不感兴趣，就不妨静下心来仔细研究一下，找出一个能与你现在工作有交接的点的兴趣，并不断地向兴趣靠拢，兴趣总会让你有着意想不到的惊喜，让本来缺乏工作热情的你，不知不觉中就从工作中获得了喜悦。

子曰，知之者不如好之者，好之者不如乐之者。兴趣是最好的老师。如果做自己喜欢的工作，有兴趣做导师，再累都会从中尝到甜头。在成长的过程中，每个人都有这样或那样的兴趣和爱好，有一个爱好不算多，而多种爱好也未必是件坏事。爱好多少也不重要，关键是如何把爱好变为自己的职业。以爱好为基石，为理想做坚实靠山，有这样的后盾，谁还会把压力困苦放在眼中，更不会因为惧怕前途荆棘满布而畏首畏尾。

对于兴趣广泛的职场人士来说，找到适合自己并且自己喜欢的工作确如大海捞针，但却并非不可能实现。不断接受各种工作任务的洗礼和挑战，不仅可以掌握各行各业的精髓，而且也易于融会贯通，找到自己的兴趣所在。工作是一个复杂命题，它可以带给你生存保障和成长，带来荣誉和权力，但也可以带来压力和迷茫。在成就感和压力交叉的范围中，找到一个自己感兴趣的工作来平衡优势和弊端，在困苦中找到一丝快乐和安慰，在压力下感受到工作的美好，这样的心情和态度，当然会使你愉快地工作下去。

动机是在需要支配下受到外在刺激影响而形成的综合性动力因素，而兴趣是在需要基础上受到动机的影响，就对职业的选择产生一定的影响、变化。人们选择一个职业，爱好是其中的一个关键因素，在选择职业时，如果觉得这是自己向往的职业，就能把自己的爱好变成自己的工作，就使得自己未来职业生活有所改变，或许会造就一个不同的人生。

在伦敦奥运会上让中国游泳队大放光辉，同时也铸造了一个中国游泳史上值得铭记的名字——叶诗文。2012年的叶诗文是一位年仅16岁的小姑娘，她虽然不具备丰富的职场经验，但赛场如战场，台上一分钟，台下已经不止十年功，也让她更深知游泳对她生命轨迹的影响。

她在接受采访时，回忆起自己小时候第一次去游泳池，别的小女孩都哭着闹着不下水，唯独她与众不同显得异常兴奋。当游泳教练挖掘出这个孩子时，想必也是因为看到她对水的喜爱吧。一段不寻常的兴奋情绪，就带着一个喜欢水的小女孩一路成长。

虽然冠军之路难走，但兴趣却指引着昔日的小女孩一路狂奔，过五关斩六将，拿到了奥运金牌。

也难怪说兴趣是最好的老师，因为有了兴趣就更想着去拼搏，叶诗文终于获得了成功，是啊，冠军之路是很难走，而艰苦训练的背后，痛，却更快乐。

事实上，大部分人都在从事和做着与自己的工作不是很相关的职业，并从中取得生活的资本。而且很多人都在自己的职业中做得很出色。当自己的兴趣成为生活中的一种调剂品，就保持了最原始的趣味，从中获得最原始的快乐。当兴趣变成工作，压力可能来自自身，越是深入，就越会发现自己并非那么了解这个专业或领域，兴趣反而成为一种负担。但另一方面，也可能因为兴趣促使自己更钻研，更加热爱自己的工作。

选择什么职业，以什么方式来谋生，与自己喜欢的东西本质上似乎不相冲突。人生有很多条路，要做好本职工作，就要让自己的心理和行动保持平衡，并从中享受到爱好带来的乐趣。如果只把工作当作饭碗，把职业和爱好分开，就没法做到对生活保持着坦然、积极的心态。所以不管在什么情况下，都应该记得干好工作才是第一位的，一个人没有工作，就意味着这个人失去了生存的能力，当面临着生存也成为大问题时，还有什么资格去谈兴趣和爱好呢？

所以喜欢摄影的人职业就应该是摄影工作者，喜欢文字的职业就是自由撰稿人，喜欢跳舞的人职业就是舞蹈家，喜欢唱歌的人职业就是歌唱家等，这是多么让人艳羡不已的事！但往往让人遗憾的事，世界并不像人们想象中的那么完美，有很多人在从事着自己不感兴趣的工作，由于不是个人所喜好的。也就让工作只能是一种生存的本能，谋生的手段，使工作成了一种生活的负担。用长效兴趣对待自己的工作，那是对自己所从事工作的理解和胜任，就会在学习的前进中、生活的奋斗中，享受成功中，不仅把爱好看作工作谋生的手段，更会当作一项事业来做。以生命的需要、精神的需求去做你要做的事，激起更大的兴趣，就会给你带来成功的喜悦，当然就会满足更大的快乐。

兴趣给工作更能给人们带来精神上的愉悦、满足、成就感。张瑞敏曾说过这样的话，做一次自己喜欢做的事、感兴趣的事，那不算什么，坚持一辈子持之以恒地做自己喜欢的事、感兴趣的事，就会很不简单。所以在处理工作与兴趣的关系时，不能让工作与兴趣势同水火，要遵循工作不能丢，饭碗扔不得，兴趣不能忘，爱好不能没。要用兴趣温暖自己，用兴趣打动自己，用兴趣感动自己一辈子，就会使人生不孤单，人生也就不会感到寂寞。

在这个世界上，不可能每个人都在干着自己感兴趣的事情，所以很多年轻人当老板让他干一些不感兴趣的事情时，总会找出各种各样的理由拖延，在这种情况下，如果想在公司里升迁就很困难，所以一定要干一行爱一行，慢慢地培养对工作的兴趣。只有始终坚持不懈地一辈子做自己感兴趣的事，始终坚持不懈地做自己喜欢的事，才能使人生有大幸福、大智慧、大境界。

卡腾堡是一位名声显赫的新闻分析家，他22岁那年来到巴黎，在巴黎版的《纽约先驱报刊》登一个求职广告，找到一份推销立体观测镜的工作。

卡腾堡开始逐家逐户地在巴黎推销这种观测镜，但他并不会讲法语，可是第一年他就赚到500美金的佣金，而且使他自己成为那一年全法国收入最高的推销员。

他不会法语，又怎么能成为一个推销专家呢？他先让老板用非常纯正的法语，把他需要说的那些话写下来，然后他再背下来。他坦白地承认这个工作非常难做。他之所以能撑过去，只靠着一点信念，就是他决心使这个工作变得很有趣，每天早上出门之前，他就站在镜子前面，向他自己说：卡腾堡，如果你要吃饭，就一定要做这件事。既然你非做不可，为什么不做得痛快一点呢？

当选择了就一定要把工作当作兴趣去做，有了兴趣就会有动力，就像卡腾堡说得那样，如果你要吃饭，就一定要做这件事，既然非做不可，为什么不能做得痛快些呢？是啊，痛快也是做，不痛快也要做，既然是自己必须要做的事，一定要培养对工作的兴趣，不管是想赚钱也好，还是获取人生的美名也罢，总之，兴趣在工作是不是可缺少的。

让工作成为爱好，让业绩体现兴趣。快乐的工作，再从工作中寻找快乐。用一种积极的健康心态去对待工作，完成工作，才能取得较大的业绩，继而从工作中找到幸福感。爱好工作就要要快乐地工作，但是快乐的工作和工作快乐却是不尽相同的。快乐的工作是一种积极的工作态度，而工作的快乐则是从工作中寻找和产生出快乐的基因，快乐的工作首先要以工作快乐为基础。

工作的短期快乐是一种新鲜感，随着新鲜感的消失而消失。是很不可靠的。对自身从事工作的理解和胜任是一种长效的快乐，理解是一种境界，胜任是对工作主动性的把握。是工作的底线，也是人生价值的实现。没法胜任就谈不上快乐，没法胜任就会有无穷无尽的烦恼伴随着你。胜任未必愉快，但不胜任就一定不会愉快。当进入一个新的工作岗位时，每个人都要有个适应的过程，要在这个过程中培养自己的兴趣，让自己有兴趣干这份工作，就会让自己身心愉悦，不但会把工作干好，更能让自己从工作中受益。

人选择职业定位与兴趣吻合度的差异，很大程度体现在经济基础和生活状态的差异，是责任感和兴趣交织作用的结果。要早些把兴趣挖掘出来，找到这个兴趣点，并根据兴趣对自己的工作动力定位，以免在职业生涯中走弯路，找到成功的捷径，就为自己节约大量的时间和精力，使自己在职业中得到提升，每天早上给自己打打气，在心理学上来说是很重要的事，并不是无聊肤浅、孩子气的事，因为我们的生活就是思想造成的。每个小时都对自己都要讲一遍，就会指引自己想许多勇敢而快乐的事情，也会让自己得到意想不到的力量和平静。把那些非常值得骄傲的事情对自己说，就会让你的脑海中充满积极向上的思想。

你的想法只要正确，就不会对任何工作有讨厌的情绪。而对自己的工作很有兴趣，就能使你在生活中得到更多的快乐。每个人的清醒时间，有一半的时间要花在工作上，所以一定要经常提醒自己，不要丢掉工作的兴趣，就会使自己变得快乐。也就会让你的工作变得更出色，然后升迁和加薪的机会才会垂青于你。即使好事情没发生在你的身上，但至少可以让你把疲劳减少到最低程度，就能更充分地享受闲暇时光。

在追求的过程中肯定会遇到挫折，如果所做的事来不是自己感兴趣的事，当遇到挫折时，当然会很难坚持下去，就会越来越不喜欢这项工作。"上班一条虫，下班一条龙。"用这样的心态对等工作，这种人怎么能获得成功？又怎么能快乐呢？成功需要全力以赴，而全力以赴就需要对工作有极大的热情与兴趣。

比尔·盖茨是如何成功的呢？他的一位行销部经理曾说，比尔·盖茨本人是个工作狂，对工作抱有极大的狂热，经常坐在电脑桌前不知黑夜白天地工作十多个小时，然后吃一个汉堡，也不确定是中餐或是晚餐，接着趴在桌上睡着，几个小时后继续这样的流程。而他在中学时代便已经将电脑作为他的毕生的兴趣了，甚至可以免费为别人设计软件，只为了有使用电脑的机会。就这样一个对热爱执著的人，对工作能不全力以赴吗？以这样的势头进行工作，怎么能不成功？

爱好是什么？是一个人情趣所在、喜好所在。当我们选择职业时，总会渴望与兴趣、爱好相连，希望到自己喜欢的岗位去工作，但事实上，在你投身工作时，往往先有工作再有爱好，一个人只有把工作当最大爱好，才能对事业投入最大的执著和热情。

第四章

以钱赚钱，财富增加的关键所在

投资有道，才能生钱有方，而这个"方"就是赚钱的方法。眼下，各种各样的理财产品充斥着人们的生活，让较富裕的人们有了理财的可能，也就让富裕不再遥不可及。对于投资理财而言，并不怕资金少，只要合理规划，培养理财观念，懂得该投资什么、如何投资，就能实现钱生钱的目的。不过投资有风险，一定要慎重，应根据自身实际情况，选择投资渠道和理财工具。

资金少也可以生财

> 幸福可以准备，人生也可以设计，就从你有意识开始。穷时钱要花给别人，富时钱要花给自己，这应该是生活的艺术。而很多人因为不会理财，于是将二者颠倒了，而要理财生财，最好做一个强制性的开支预算，在收入的范围内计划好支出。

对于刚刚步入社会的年轻人来说，一切都是新的起点。收入水平不高，自然增长的后劲也不足，资金积累能力相对薄弱，但是，这个时期又是个人资金积累的原始阶段，拥有理财观念更重要。在这一时期，职业生涯也尚未定型，不存在家庭负担，所以消费处于相对随意的阶段，对未来没有很强的危机感，缺少积蓄意识和迫切感。如果认清此时的优劣情势，进行储蓄和积累，就会让你逐渐开始有大量盈余，形成一个良性循环的人生计划。如果得到更多的营养和照顾，就会变得越来越好，存储更多有价值的人脉关系，朋友越来越多。如果有条件，要多参加那些高端的培训，会使自己各方面的羽翼丰满，也就会让你逐渐实现自己的各种梦想，购买自己需要的房子、车子，并且给未来的孩子准备一笔充足的教育基金。

131

每个月有一定的存款是理财的基础，如果月薪有2000元，首先要在每个月提出30%～50%左右的资金存入银行，作为不动资金攒起来。当存入银行的钱到达一定数目，比如5000元或10000元，就可以形成定期存款，利息就变得比较高。但如果对生活生机还存在一些担忧，可以存最低3个月的定期存款。对于投资、炒股一定要慎重，千万不要拿自己存起来的血汗钱随便尝试。只有具备很丰富的人生经验，储蓄足够压箱底的钱，并透彻了解投资理财之道，再考虑投资也不迟。

可以适当地拿一部分灵活资金作消费，前提还是要以勤俭为主，以保证这些钱够花，否则就会不够用。比如可以在一些免费的健身广场健身，就没必要去健身房。可以买一些投资基金，由于投资基金是由基金管理公司的专业人员进行操作，对于投资者来说，最好是聘请一位投资专家为自己出谋划策，以避免因缺乏专业知识或没有及时全面的掌握消息，而导致投资失误。

在某公司任经理助理的何小姐，每月收入6000多元，收入不菲，可她不仅是"月光"，而且还负债累累。每个月10日，她刚刚领工资，但到了22日，口袋里却只有1000多元，她半年前开始月供一辆PoLo车，16日买了一套高级化妆品。

月底时，何小姐的口袋已经很紧张了，可她又看上一款新电脑，但即使是分期付款，首付依然拿不出来。于是，她只好厚着脸皮去找老妈借钱。但为了按时还借款，又让何小姐的旅游计划泡汤了。像何小姐这样的"月光族"，其典型的特征是日常花销大，原始积累少，消费没有规律，随着负担越来越重，生活压力也会越来越大。

何小姐贷款购买的汽车，仅仅是每月的车贷支出，已占用月收入的

30%，成为变相的车奴，而伴随着家庭住房、医疗、教育、养老等方面的开支日益增多，开始变得日不敷出。何小姐的目前收入水准只能归类为中等，应该将关注点放在继续深造、提升自我价值和投资能力上，以此提高自己的薪酬水平和投资收益，才能提升以后的生活质量。

其实，作为中等收入的何小姐，只要稍有一些理财的观念，那她的生活将有所改变，不但可以摘掉自己"月光族"的帽子，改变负债累累的现状，更能使自己的生活变得更好。在许多"月光族"看来，现在的薪水都不够用，理财当然要等以后有了钱再说。而现在还年轻，患大病的几率会很低，也不用买保险，那纯属浪费。很多理财师认为，很多人由于处在条件优越的家庭，从小没有养成良好的理财习惯，所以理财的观念较为滞后。

世界上有两种消费模式，第一种是富人的理财思维，收入－储蓄＝（可以用的）消费；其二是必定破产的思维，收入－消费＝（可以用的）储蓄，而月光一族的思维就是后一种。这样的人会想：反正没有多少钱，即使依靠每月节约的一两千块钱，也实现不了买房、买车的梦，还不如痛快地花完好。这样的消费思维，应该是与财富的积累背道而驰的。

邹先生2003年毕业后，进入上海一家民营设计公司上班，当时他的平均收入在2500元左右，随着工龄的增加，现在已经有了近6000元的收入。他认为自己的工资不算高，在上海这个地方花钱更是厉害，所以他上班以后，一直有一个计划，那就是争取5年内买车、买房。为了实现这个计划，他制定了一个严格的生活、理财计划。

在生活方面，不在外面租房子住，与多位同事一起睡单位提供的宿舍,就可以节约出一笔房租费、水电气费。尽量在单位食堂吃饭,平均每天的饭钱不超过15元,每个月的电话费不超过100元。

在理财方面,第一年把每个月的闲钱拿到银行零存整取,第二年把存款拿去买一年期固定收益型理财产品,从第三年开始把积蓄平分成三份,一份用于炒股,一份用于买国债,一份用于买理财产品。邹先生一方面省吃俭用,一方面坚持长期理财,经过几年的资金积累,他按揭了一套小面积住房,而且还买了一辆6万元的代步车,最后还剩下1万余元作为当年应急存款。

作为中层收入的邹先生,能短短的几年内在上海买房、买车,并还有余款,得益于他科学的理财计划。所以,应该学习邹先生,对每月中的各项支出项目进行预算,主要包括住房、衣着、通讯、食品、休闲娱乐等方面作一个计划,尽量压缩不必要的开支,穷时要对别人好、不要计较什么,富时要学会对别人、对自己都好。要想改变自己的窘境,就要把自己贡献出去,花钱要让别人看,花钱要大方,但要有一定的挥霍度,行为做事尽量做到不让别人利用。富时也要把自己收藏好,花钱要给自己享受,尽量不要摆阔,要小心被别人随便利用。这些奇妙的生活方式,却是生活理财中很微妙而无法说清的处世方式。

年轻不是过错,不需要害怕贫穷,慢慢培养自己,知道如何节约,懂得贵重物品意味着什么,就不会乱买衣服,少买一件,只买几件有品位的衣服;少在外面吃饭,可以多请客,请那些比自己更有梦想、更有思想、更努力的人。当满足你的生活,并使得资金有盈余时,也有更多的经验让你明白该如何去投资,就可以用你的收入去完成自己的梦想,放开你的翅膀大胆地做梦,让生命经历不一样的旅程。

不怕资金少，就怕不会理财。如果从现在就开始动手理财，你30年后的财富绝对和30年前的理财的状况截然不同。或许每月抽出一定薪水理财，会增加当前的支出压力，但却是目前最可行的方法之一，储存起来的这笔财富就可以作为未来退休时日常生活和额外的花销。而眼下不少年轻白领消费的随意性很大，缺乏理财方面的知识。但大部分还是有理财的愿望，当父母愿意为他们理财时，很乐意把钱财交给父母打理，更有不少白领在看到节俭的实际效果，就养成了节约的好习惯，并自己存钱。虽然没有大的资金做那些高回报的理财，但就从最小的理财开始做起。

做事要分清主次，理财也有主次之分，理财的第一步是要开源节流，不能挣多少花多少。把必花的钱留出来的前提下，可花可不花的钱干脆节省，少花或者不花。每月定期留下三分之一的资金存起来应急。要把每个的月收入与开销都记录下来，控制支出，并进行强制性储蓄，必须每个月都要存到银行一部分资金，哪怕只有两三百。在做到节流的同时，就要考虑进一步理财，理财不可能会一夜暴富，应该是一个积少成多的过程，但这又是很重要的资本积累。在寻找一款理财产品时，最好选择风险低一些、保本的。自己要投得起，收益要稳定，三五百就可以，不要过于复杂。还可以选择黄金投资。黄金投资是每月以固定的资金购买黄金，到期赎回。可以兑换相应克数的投资金条，或者兑换心仪的黄金首饰，也可以兑换现金。如果对此概念有些模糊，应该知道银行的"零存整取"，它们应该是相似的理财方式，只不过零存的"金子"，整取的还是"金子"，而不是纸币。

微信理财是新兴理财渠道，其资金只能转入自己的银行卡，使得安全有了保障。微信理财通有一个细节，这不同于余额宝的转入操作，它是通过存入操作，旨在培养用户的习惯。微信理财通，也可以看作是一个销售理财产品的平台，只卖货币基金，讨论微信理财通收益，所需考虑的就是货币基金的收益。

当然，省钱的宗旨是为了改善生活质量，而不是要降低生活质量，更不是让你变成一个守财奴，锱铢必较，一毛不拔。不要为了省钱，就不敢给自己买衣服，也不再去心爱的餐厅用餐，更不是不再与朋友去酒吧谈天说地、看电影。如果以这样的方式省钱，那就成了你的不幸。这种毫无乐趣的省钱计划，会让你变成生活的奴隶。只有在保证生活质量的前提下，进行有计划的开销，才是理财生活的开始。要保留定期下馆子、逛喜欢的商场和朋友们外出消遣活动。但还是要切忌胡吃海喝和血拼刷卡。保持定期记账的习惯，对自己花钱的细节有所了解后，就可以对下个季度的消费计划做出调整，就能把钱省下来存到银行，或者请专业人士为你设计投资理财计划。

每月定期从你的工资卡上划去一笔不会影响你日常开销的钱，并存到一个只存不取的账号上，或许是一次泡吧的费用，或许仅仅是一顿饭钱，当资金达到一定数量时，也就说明你的省钱计划已经坚持过一段时间，也就说明你已经不是月光族，这时需要选择一个高利率的银行进行存钱，不管是休息还是工作，你在银行里存的钱总会为你生出更多的利息，并鼓励着你继续执行省钱计划。

所以说，资金少并不妨碍理财，只要愿意，你就能找到生财门道。千万不可像何小姐那样，作为中层收入的她，不但工资不够用，还要背负债务，那样拮据地生活，怎么能获得潇洒、惬意的人生呢？

关键要选择长远的投资

　　找到适合自己的投资原则和投资方法是正确投资的关键。这些原则和方法，建立在对规律的认识上，长远投资的关键环节是先确定长远目标，其他环节的规划都围绕长远目标展开。同时，所有的阶段目标都指向长远目标，后一个目标是前一个目标的方向。

　　长远目标是一个个阶段目标的质变，所以阶段目标是否搭建合理，会影响长远目标能否顺利实现。设计阶段目标时，需要注意脉络清晰、分段有据、阶梯合理、内涵明确、表述准确、衔接紧凑，并直指长远目标。长远目标对从业者的职业资格、学历、专业知识和技能、工作经验、阅历、人际网络、资金及职业道德等方面有着不同的要求。分析自己与长远目标之间的差距，并把差距分类，按与达到长远目标的关联程度排序。以差距为依据搭台阶，选择阶段目标的台阶，对差距进行弥补，并为各目标起个简洁、明确、醒目、层次分明的题目，注明每个台阶的要求。

　　各阶段目标的题目下，要写清达到目标的内涵和其他相关内容。对前后衔接的两个阶段目标要求进行比较，理顺各台阶的衔接，理顺

137

什么与何时的关系，给每个阶段目标按自我满意度，设定满意度高、较合格的阶段目标标准。还要设定应对变化的备案，以便根据当时的环境和状况，对不同的标准进行灵活地选择，让自己有更多机会体验成功。所以，必须在认真分析自身现实条件的基础上，构建阶段目标，要根据已确定的长远目标，分解二者之间的差距，再分步推进。以不断提升的各阶段目标，缩小现实自我与未来自我之间的差距，提升自身素质，向长远目标不断攀登。

在生活中，钱无非有两方面用途，一方面体现在它的使用价值上，就是用来买东西；另一方面它给我们带来更多的财富，可以用来投资。所以当发现一种投资方式既有很高的使用价值又有较强的投资价值，最好还是把这钱投到里面去。投资不是以金额大小来判断，一元是投资，一亿也是投资，关键要看投资回报率的高低。

被称为"金融大鳄"的乔治·索罗斯，于1930生于匈牙利布达佩斯，他从400万美元起家，至今已超过百亿美元，一夜间打败英格兰银行，拿走泰国1/5的财富，掀起了东南亚金融危机。

1944年，纳粹德国占领匈牙利，作为纳粹占领区的一个犹太人，索罗斯当时只有一个目标，就是生存。这个目标成了他日后投资策略的根基。生存就要保住本金。对索罗斯来说，一笔投资损失，不管是多少损失，都是退向生活底线的一步，是生存威胁。

同是在1930年，美国"股神"沃伦·巴菲特出生在一个离布达佩斯十万八千里的小城市——美国内布拉斯加的奥马哈。此时，正值美国经济大萧条时期，巴菲特不到1岁时，父母工作的银行倒闭了，他家所有储蓄都随这家银行一起烟消云散。就像纳粹占领匈牙利影响了年轻的索罗斯一样，早期的艰苦生活似乎也让巴菲特痛恨财富的损失。多年后，他的一句名言广为流传：投资法则一，尽量避免风险，保住本金；第二，尽量避免风险，保住本金；第三，坚决牢记第一、第二条。

两个金融界的大亨都很明白投资的长远利益，就是要在确保本金不受损害的基础上，尽量地避免风险，维持好生活的底线。在从事投资时，必须承认中间有可能出错，而且应该是不可避免的，而只有将损失降到最低点，才能避免小错成大错，免得泥足深陷。投资过程中，有的意外足以致命，如果能小心去减少损失的程度，就会化险为夷。当然不仅要止损，同时还要止盈，譬如说，当伴随着股票或基金价走高，止损的价格可以提高到某均线或某价位之上，价格一旦调整，立刻出局。而止盈则可按赢利达到一定目标出局设定，如果仓位重，则可把止盈价格设立多重，抵达某个目标则卖出部分，同时结合止损提高，则可保证安全。

而一般的投资者，不会在入市之前设立这样一个系统，以至于无从判断什么时候该卖掉赔钱的股票或基金，赚钱的股票或基金又该持有多久，投资者对利润和损失就都会感到紧张。当一笔投资小有赢利时，也会担心这些利润会化为泡影。当损失越来越大，心里的恐惧就会误认为只要价格反弹到自己的买价就可抛出，当价格继续下跌，恐惧的情绪就会越重，最终会取代对价格反弹的期望，而往往就会在价格的最低点附近全部抛出。

巴菲特的良师益友，被称为"华尔街教父"的本杰明·格雷厄姆曾讲过这样一个寓言，描述投资者因股市的巨大影响力而产生的盲目性。他说，一个勘探石油的人死后要进天堂，圣·彼得在天堂门口拦住他说，你虽然有资格进入天堂，但留给石油业者居住的地方已经爆满，我无法把你安插进去。

石油勘探者听完，想了一下提出一个要求，想去跟那些住在天堂里的石油业者说一句话。圣·彼得觉得这没什么就答应了。于是他对着天堂大喊一声，地狱里发现石油了！话音刚落，天堂大门顿开，里面所有的人都疯狂地冲向地狱。圣·彼得吃惊之余，请这位石油勘探者进入天堂，但他迟疑了一会儿说："不，我想我还是跟着那些人一起去地狱吧，传言说不定是真的呢。"于是他又跟去了地狱。

这个故事很有趣，一时的盲目性可能就会造就机会，但投资股市总是有着各种各样的风险，当盲目成了一个潮流时，就连制造传言的人，都会对传言信以为真。而投资就像马拉松，只有跑完全程，才有最后真正的胜利。万不可靠"赌""猜""碰"，也不能人云亦云，哪支股票没人推荐过？所以投资时需要目光如炬、深刻洞察、高瞻远瞩。投资成功的关键就是"持续性"及"确定性"的增长。年均的成长可能只是不起眼的百分之二三十，但是日积月累，经过一段较长的时间后，再回头来看看，就是一个不小的收获。

大家都在努力实践着"低买高卖"，但大多数人却不能取得良好的收益，甚至是亏损累累。这就是我们的"羊群效应"和"从众心理"在作祟。在牛市初期，由于绝大多数人被熊市吓怕，就不敢进来。在牛市中期，虽然"赚钱效应"让人心动，由于不敢确定，也使得一般人不敢轻举妄动；到了牛市后期，表面上给人什么事都没有的平静，而且眼见别人都赚到钱，就很大胆放心地冲进去，而此时便可能买在最高位，由此不久就进入熊市初期，因为信心的使然，即便是亏了些，也不想卖出去，以至于熊市中期，虽遭到打击，但还紧抓住心里的那棵救命稻草，又害怕亏损的扩大，就更不忍出售。只能在熊市的末期彻底崩溃，心灰意冷，全部清仓，不但没有赢利，而且严重亏损，并发誓再也不跟股票有任何联系。

是否在恰当的时候进入了股市，就能取得相应的收益？当然很难说。始于2005年的这波牛市，大盘涨了好几倍，个股翻了十几、二十倍以上的更是比比皆是，如果在当期买入并且一直持有，稳坐不动，平均就能赚四、五倍，甚至达十倍以上。很多人为追涨杀跌，整日里听信所谓的"技术分析"，搞得疲于奔命、寝食难安，按说收益应更好，可事实上，大部分人都没有赚钱。这正是人性中的恐惧和贪婪所致。恐惧使人们害怕跌下来，所以刚赚一点钱儿就赶快跑，却看不到股价一路上扬；贪婪的心理又让人们害怕踏空，就赶紧买入，有的甚至连其中的波段都想尽收囊中，结果却被深深套住。结果，到了赚钱时反而跑掉，却在亏钱时蜂拥而入，这就是不提倡"短线进出、波段操作"的原因所在。其实，恐惧和贪婪是人的天性，每个人都有。巴菲特说："我只不过是要在别人恐惧时贪婪，别人贪婪时恐惧罢了。"

而在实际的生活中，理论往往与实际脱节，很多时候竟会结果截然相反。比如说沃尔玛的创始人沃尔顿曾做过这样的一个实验：他进了一批价值8元的衣服，分别以12元和10元进行出售，结果却是买10元的销量竟是12元的三倍，当然卖10元赚的钱多。而股市也是一个不需要争论的地方，只要错误就自然会受到市场的处罚，只有实践才是检验真理的唯一标准。对于一个成功的人来说，能不能做到放眼长远，预见未来，是非常重要的。"明者远见于未萌"，高明的人有远见卓识，善于变化万千，知迂直之计，捕捉机遇。如果只懂得着眼于眼前的利益，就会一叶障目，只把眼前的一点小利无限放大，却不懂抬起头看更长远的利益。却不知，你的更大损失，是你专注于眼前的小利的后果。尤其是在30岁之前，如果只重眼前利益，忽略长远利益，就等于只站在原点而不踏步，当然最终必定会失败。

有三个人同时被关进监狱，期限都是三年。入狱后，监狱长告诉他们，每个人可以提出一个愿望，监狱一定能满足他们的愿望。三个人听后，非常高兴，于是提自己的愿望。

美国人要了1万美元，他想钱都想疯了，正好有这样的愿望满足他的生活；俄罗斯人要了30箱伏特加，他认为可以借酒消愁，过上惬意的生活；犹太人却只要了一部电话，每天都与外界沟通。另外两位看到犹太人只要电话，都认为他很傻很傻。

三年后，三人刑满如期释放。第一个冲出来的是美国人，他变得憔悴不堪，而钱早已经花光。接着出来的是饮酒过量的俄罗斯人，因为他得了肝硬化、酒精中毒，变得一副弱不禁风的样子。犹太人最后一个出来，他紧紧握住监狱长的手说："这三年来，我每天都与外界联系，以获取我所需要的信息，这样，我的生意没有因为我坐牢而停滞，反而增长了4倍，为了表示我的感激之情，我送你一辆劳斯莱斯！"

从这个案例来看，在进行投资时，信息有时显得至关重要。在当今社会，信息越来越决定着成败。就像是4×100米接力赛，将目光放在整体的发挥上，如果第一棒跑得好，不仅给合作的伙伴减轻压力，还有提振信心和士气。同样，信息也决定着你的眼光的长短。对信息的敏感与直觉，常常导致意想不到的效果发生。如果只把目光放在眼前，就很难对未来进行掌握。所以目光短浅的人，总是无法获得最后的胜利。一个人做长远的规划还是只做短期的打算，将是影响你的一生的决定。所以，在考虑问题时，年轻人应该以长远的目光作出最适当的选择。

要想在每一次商机中成为赢家，都离不开观念的更新。时代总是向前发展的，任何机会来到面前，都要想方设法对它们进行了解，读懂它的内涵。人生最遗憾、最可悲的事就是过去之后才明白一切。所以，对于发现的机会，要先问自己，你属于先知先觉者，还是后知后觉者。在趋势和潮流面前，最先变观念者，更容易把握时机；能影响改变别人观念，就能拥有市场。"不怕慢，就怕站。"只要你迈步，路就会在脚下延伸；只要你上路，就会发现诱人的风景；只要你启程，可以会体会到跋涉的快乐。

失去金钱的人损失少，失去健康的人损失多，失去勇气和梦想的人就会损失一切。选择靠眼光，合作靠缘分。机遇则是赐予那些时刻准备着的人，成功不是将来才有的，而是决定去做的那一刻起，逐渐地、持续地累积而成的。理财投资也是如此，唯有长远的目光，从一点一滴的积累开始做起，将来才能获得理想的收益。

穷人之所以穷，他们最大的错误就是永远不去犯错误。一个从来不给自己机会的人，一辈子也谈不上成功。在你经济紧张时，为什么就不想着改变自己的生活现状呢？人与人之间的差别在于行动。或许当初用几百块钱摆地摊，而几年后就成为大老板。当初有人带几千块钱杀进股市，几年后也就成为大富翁。或许有人会说，如果当初我也做，会比他们赚得更多。说得是不错，或许你的能力比他们强，本钱比别人也多，经验也比别人丰富，可问题是当初没有做。现在是网络经济时代，一个新的商机已经来到，如果再做考虑，还要等到十年之后的后悔吗？ 所以，一定要立足于现实，选择长远的投资，想做富人，就从选择开始吧。

炒股前，要先懂得江湖规矩

随着经济蓬勃发展，购买股票成为很多人投资理财的选择。而这种投资理财，最初仅限于经验丰富的老股民，目前越来越多的没有炒股经验的新人也去开户。在新股民中，很多都是白领，机关公务员甚至老板、经理们，虽然他们身在职场，可心系股市。

2006年年初，中国股民的数量为7300万户，在仅仅一年的时间里，这一数字迅速增长，并一举超过美国7600万的股民数量，如今，办公室集体炒股已经成为潮流，一个女白领说，在一段时间，一谈起股票和基金，就让办公室里的同事们个个劲头十足，每天一早上班，就都忙着打听消息 ，有的同事短线收益非常好，就会引起其他人的羡慕。不仅是普通白领，连老板经理们也加入上班炒股的行列，炒股成为了潮流和时尚的标签。

美国是最早建立股市的国家之一，美国白领经历过办公室炒股时代，在美国股市和互联网应用同时进入高潮时，美国办公室曾刮起过一阵炒股风。因为当时刚刚普及低成本的网上交易系统，加上高科技股泡沫造成的财富效应，使美国白领们发现，本来需要找股票经济人才能做的事，竟然可以在办公室里完成。据美国媒体统计，1999年有2280万美国白领在上班时间上网炒股，一时间，竟会出现25%的网络所链接的网站竟与工作无关。

有一种关于所谓市场主力资金，很流行却纯粹出于想象的说法，在这种流行的谬误中，似乎只有一拨人是市场的主力，由他们控制着市场的走势，大盘分时图中的每一秒，每天都被他们画着。而事实上，从来没有存在过这种所谓的主力。市场一直分裂着不同的利益集团，所谓的主力资金是有分派别的，各派别之间，会有默契、会有联手，但也存在暗算、互相拆台等。黄雀、螳螂、蝉的游戏，已经一点也不让人觉得新鲜。

并不是单纯的技术分析来包括主力资金层面的动作，如果用打仗来比喻，技术分析也可以看作战术性的问题，战略性的问题不是通过技术的分析可以解决的。比如说，你是一个散户，只把相关的技术理论搞清楚，依然没法运作主力资金。虽然技术层面只是一个基础，但不管什么资金，站在市场趋势的角度看，就是构造出不同级别的买点而已。所以，对于散户来说，天上掉下的馅饼，不用管它是怎么制造的，只需要去探究如何能吃到它。

但必须明确，不管是什么背景、级别的任何主力资金，都不能逆整个经济的大势而行。或许10年前是主力，但如果不跟着市场去发展，那10年后可能什么都不是。不管是什么级别、背景的主力都要折腾，否则就没有江湖地位。一定要根据不同市场、板块的变换，来决定怎么个折腾法。

单一的股票市场中，不同势力、背景、风格的资金，控制着各自不同的板块，构成食物链中最上层最大的那几个。一般情况下，上层的几拨互相知根知底，其根底往往不在市场中，而在市场外。各方不会轻易与某一方开战，都保持江湖规矩，但绝不是说，争斗不存在于最大的家伙间，而是无时不刻地在暗中争斗。双方都在等着对方的破绽，当出现破绽，其余的就会一拥而上，分而食之。这样的事情，在中国资本市场的历史上出现过好几次。

从食物链最高端开始，到最后的散户个体，逐级下去分着好几个层次。最大的主力，总会对下面几个层次的生态状态保持一定的维持。一般来说，没有人愿意看到一个新的最高级别的势力出现，所以当低层次级有上升苗头、特别活跃时，都会成为重点绞杀的对象。对于最高级别的主力来说，能使一个各层次的生态保持平衡是最有利的。在这个意义上，如果有些特别恶劣的散户，要把散户或某层次全部打垮。一般来说，这种绞杀对象都类似于暴发户。最高级别的主力就如同贵族，暴发户当然被贵族户所看不起，尤其是暴发户影响到整个市场的平衡，主力资本必然会对其斩草除根。而这种明争暗斗，相互绞杀，既可以是市场化的，也说不定是非市场化的。

伍小姐在一家信息服务公司工作，她自从听从朋友劝告用一半积蓄投身股市后，就加入办公室炒股族。伍小姐每天9点上班，先浏览各大财经网站，查看市场分析和股票推荐，9点半开市，伍小姐一边打开股票系统，紧紧盯着对自己三只股票的一举一动紧盯着，并开着QQ，与网上的投资者群聊行情。

一直到正午才意犹未尽地收市，然后才真正开始上班，完成自己的本职工作仅利用剩下的两个小时。而且她还说，同事间都用MSN联系，以前都是用MSN聊一些工作的事，顶多发发老板的牢骚，但现在都在MSN上讨论股票。伍小姐说，在办公室里出现了一些微妙的变化，上午9点上班，不会再有人到，有轮休的周末出差，也成了大家争

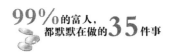
抢的好差事。

　　所有的操作都是根据不同分段边界的一个结果，只是每个人的分段边界不同而已。一般来说，喜欢预测的人通常都是操作低下，神经过敏，喜欢忽悠之辈。这就说明不该去预测，而该想想如何确定分段边界。比如说，前两天用前期两高点分类有意义，现在再用就没有什么意义。现在就完全可以用均线系统来分类，比如强调5日、5周、5月的原则。有了分段的边界原则，按着操作就可以进行，当然没什么可预测，也不需要去预测。世界金融市场的历史一直在证明，真正成功的操作者，从来不预测什么，即使在媒体上忽悠一下，也就是为了利用媒体。真正的操作者，都有一套操作的原则，按照原则做就是最好的预测。

　　在买入之前务必要记住，不要忘记系统地好好问问自己，如果不能给自己打98分以上，就应该有所准备，以提高你的命中率；要考虑到目前的运气状态到底如何，坏运气有没有释放过？有没有经过触底储备的过程，是不是全部做好足够的准备？是先胜而后求战还是先战而后求胜，只有在三分之二的时间里作好作战的准备，才可能做好三分之一时间的全力出击；自己的资金富裕程度如何，如果资金上没有充足的准备，心理上也不可能真正消减足够的心理负荷，达不到空灵的境界，取胜难，保胜难，必胜尤其会难上加难。

　　对要买入的股票所下的功夫如何？真正了解了多少？基本面、技术面、市场面能够做到某种程度的效益吗？时间方面、熟悉程度方面、管理团队、行业走势、市场竞争态势、历史业绩发展态势、核心竞争力重要信号等方面都要费一番心思；要了解股票走势有没有做好趋势方面的验证，市场是否已经能够验证你的想法吗？对股票走势上今后的几种可能模式清楚吗？有没有设计好应付最坏情况的方案，制定好止损至赢的方案，并做好毫不犹豫去执行方案的心理准备；要对股票市场大势的感受正确把握，所选股票与大市相比是顺势、盘势、还是逆市？能否规避大市运行的风险？对股票搏奕状态的把握如何？其它空方力量最近刚得到过宣泄吗？其他多方力量已经做好充分的积聚并形成上升趋势吗？对其博弈历史状况把握得如何？对其目前盘势特点（拉升、盘整、洗盘、回调）把握如何？都是在进行炒股所必须了解的行情。

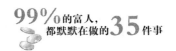

 学会使用3种以上投资理财工具

> "你不理财，财不理你"，不论在财经媒体、理财专家
> 还是广告宣传，早已成为耳熟能详的口号。但由于经验的局
> 限，许多人仍然懵懵懂懂，不清楚理财的第一步该如何走，
> 更有甚者会陷在错误方向的泥沼中而无法自拔。

　　由于全球经济结构的剧烈改变，使得不断扩大的贫富差距成为很多国家研究的重要课题。财富分配效应，让富者愈富、贫者愈贫。上班族正被巨大的工作压力一步步压得喘不过气来。以前那种仅靠薪水、等退休的日子已经不复存在，所以就必须要趁自己年轻，学会一些理财方法，设法为自己储蓄，学会掌管钱财的大小事，并试着压缩消费，降低负债，不至于让自己在不久的将来沦落为社会底层的新贫阶级。如果按照合理投资理财办法，或许只需要你每月几百元的投资，就会在退休时可坐拥资产上百万，这应该不是耸人听闻。

　　你拥有资本时，就是你投资的最佳时机，要每个星期都进行投资，让理财像吃饭和睡觉一样，形成一种生活习惯。如果在你的一生中都不断进行投资，就会让你变得富有。俗话说，金钱不是万能的，但是没有钱便万万不能。只能拿一份死薪水的上班族肯定会埋怨：为了这几个臭钱，我只能这样委屈自己。但不可否认，很少有人像陶渊明那样愿意归隐，而大多数人还是在背着对老板的埋怨，乖乖地做牛做马，不辞辛苦地期待领薪日期的到来。很多人也总会认为钱少时不必理财，就使得对于"钱该怎么赚"这个话题，让很多人都想破了脑袋。其实理财就是处理所有与钱相关的事，每天出门买东西、付信用卡、缴保费、到银行存提款等，都应该算是理财活动。每个人时刻都在进行着理财活动，如果制定好规划的理财方式，就可以帮助自己顺利地积累财富、达成梦想。

要选择有潜力的公司或行业。俗话说，大公司看制度，小公司看老板。也就是说有制度的大型公司才会有前途，而有好的老板小型公司才会有发展。但不管是什么规模的公司，要想垫高地位，就必须把目光放到远处，更不要为了一点点薪水就随意跳槽。也就是说，要慎选对自己未来发展有帮助的职业，不要只是把它当作一份领薪水的工作看待。对于创业也一定要谨慎，除非经过体制化的训练，否则就不要贸然决定跳出来创业。

时间视野，是财富学上用时间来理财的观念，对未来有何长远规划，将对每个人将来的地位与财富都有决定性的影响。在每一笔钱都不浪费的情况下，还很难开源节流，就不妨先提升自己的常识，对自己进行投资自己，对自己做事能力多进行培养，超过同辈，就会在公司中建立不可取代的地位，提升投资报酬率。比如说一个人的年薪只有5万，但是经过不断跃升拔擢职位，不需要几年就可能上调到1万多，仅薪资上涨幅度相当可观，比起操作其他投资工具的报酬，这来得更稳当。很多怠惰的人总是抱着能混则混的心态，不想认真工作，却时刻叨念着怀才不遇，心里想着快点发工资，这样的生活当然会过得很郁闷。把工作经营好，做出有声有色的成绩，是一种很好的理财

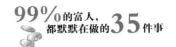

方法。对投资理财的工具的选择，如果实在没有太多想法，那最大的财富就是持续增强竞争力，始终相信，对自己的能力进行投资，将来一定会有不错的回报。

投资大师约翰·坦伯顿的致富方法曾提到成功与储蓄息息相关，要想利用复利效应的神奇魔力，就必须要先懂得俭朴。要挪出一半的薪水作为个人投资理财的第一桶金，存下一半的钱是一个不容易执行的重大决定，它考验着你的决心、毅力与生活方式的调整。简约地生活，以增加储蓄金额，应该就是理财的第一堂课。

1977年，彼得·林奇成为富达麦哲伦基金的基金经理人，由他掌管基金13年，基金的管理资产由2000万美元增加至140亿美元，基金投资人超过100万人，13年间的年平均复利报酬高达29%。由于他卓越的绩效表现，被《时代杂志》评为首屈一指的基金经理人。《财经杂志》也把他形容成投资界的超级巨星。

与沃伦·巴菲特类似，他们的投资哲学都相信，价值投资法是在市场上立于不败之地的操作手段。彼得·林奇非常重视一家公司的基本面是否具有投资价值，而不担心该公司股价的短期波动，潜力是他与巴菲特共同关心的议题，彼得·林奇曾明确地指出，股市好不好不是重点，挑对股票长期持有，股票自然会照顾你。

经济景气不断波动，使得股市起伏成为正常现象，能具备准确预估股价趋势的能力的人是不存在的。所以，彼得·林奇主张投资人应该用"赔得起的钱"进行长期投资，他强调，真正的赢家要从头到尾在股市投资，并且投资在具有成长性的企业。

沃尼·巴菲特是全世界有史以来凭借股票赚钱最多的人，但想当初，在1956年开始创业时，他居然只靠100美元起家。根据研究，沃伦·巴菲特投资的成功秘竟是"简单"二字，他主张致富的重点是只要冷静理性，不需要高深的学问，有没有傲人的智商也在其次。长期投资、多研究，在值得投资的股票跌破净值后，勇敢买进、长期持有，等待一段时间，便能让时间发挥神奇的复利效果，创造可观的财富。

沃伦·巴菲特一再强调价值投资法以及长期投资观念，且当投资一家企业时，他也主张以一个企业主的立场来评估，而不是把自己当成赚取差价的投资人，唯有这样，方能看清楚一个企业的全貌，也才会深入了解企业各种层面的问题，进而发现该企业的真实价值。

两位非常出色的经济人，以正确的理念获得了成功的事业。长久以来，有许多搞不清自己投资属性的人，用错了投资方法，选错了投资工具，就落到很凄惨的下场，不是血本无归就是认赔出场。其主要原因就是由于自身的保守，而看不清投资的属性，却因为媒体的吹捧和理财经理的怂恿下，做出一些不该属于自己的投资决策。

股票、债券和基金是三种基本的投资工具，而且也是经常使用的工具，但却不能说这些工具就一定会赚钱，投资都会有风险。股票是公司的股份，由于公司的业绩不会一成不变，所以它的价值总会有所变化，拥有股票就像拥有一个大饼的一小块。债券是通过借钱给公司或政府机构产生收益，一张债券证明发行者有借你的钱的目的，并且要在某个时间偿还它的本息。基金的投资风险小，是最热门的理财工具。基金允许一群投资者集中他们的钱，进行一个包括股票、债券和其他资产的组合，并由精通此道的基金经理进行管理。

投资者在投资时，先了解自己对风险的承受度是最重要的。风险承受度也就是所谓的风险属性，正确的投资观念就是要依照自己的风险属性，做出最适合自己的投资规划、资产。人类的人性与行为往往互为因果，走路比较快的人会很急躁，说话像机关枪一样停不下来，优柔寡断的人比较容易拖拖拉拉，很难下决定。当进行投资时，胆小的人害怕赔钱，就显得保守谨慎，大胆的人想要多赚钱，就变得容易冒险，还有中庸会采取稳健的方式，追求稳定成长。明白了自己的投资个性后，才能拟订投资战略，在理财领域中好好发挥。正所谓"知己知彼，百战百胜"，不论是积极型还是保守型的投资人，都要有一套适合自己实际情况，并让资产稳定长成的必胜策略。

根据自身的条件与个性，面对风险表现出来的态度有三种，积极型、稳健型、保守型。积极型的人愿意接受高风险，以追求高的利润；稳健型的人愿意承担部分风险，志在谋取高于市场平均水平的获利；保守型的人为了安全并获取眼前的利益，宁愿放弃可能高于一般水平的收益，只求保本保息。市场上有不同的投资工具，了解投资属性之后，接下来就要选择相对应的投资工具。

同样是理财工具，操作技巧不同，风险属性也不一样，应该清楚自身的风险偏好，以提高风险管理能力。个人理财行为和决策，经常需要在有风险的环境中进行，冒风险就要求得到与风险相对的额外收益，否则就不值得去冒险。风险是投资的一部分，你能承受什么样的风险，了解你的风险承受能力就显得很重要。不同的投资工具，其风险的程度也不一样，收益与风险往往能成正比，所以，要选择最适合自己的投资工具，不能盲目追求所谓的高收益。传统的储蓄收益最有保证，但得到的回报却最低；债券在投资组合中可能带来高的收益，但也有投资风险，可能会赔本；股票收益最大，但风险也最大，极有可能会亏蚀本金。

可以通过将基金、股票、债券和其他风险收益比不同的投资工具，进行适当组合，将投资中的固有风险降到最低。有专业的理财顾问，可以帮你完成一些投资上的事项，他们的工作就是根据你的投资目标和风险承受度，来帮你规划投资方案，并帮助你采取合适的投资策略，尽可能有所收益。如果你不想做理财规划，也可以将部分资金放入一个比储蓄回报更高的投资账户，尤其是在某个时期内，要立即行动，不能拖延。其实每个人都需要做一个理财规划，但很多人却没有这样做。即使做完了一个理财规划，也通常只是纸上谈兵，没有实际落实。

在全民理财时代，各种各样的理财产品出现在大家眼前，由于固定收益类理财产品收益高，收益也很固定，风险又低，当然谁见谁爱，就成为市场上最受欢迎的理财产品之一。银行定期存款是一种很稳定的理财方式，它可以使本金完好无损，定期存款分为，整存整取、整存零取、零存取、存本取息等。其整存整取利率最高，是个人将其人民币存入银行，约定存期，存期分为三个月、半年、一年、二年、三年、五年，存款基准利率，会随着存期增加而增加，到期一次性支取本息。可以根据自身的资金需求来选择存期。这种理财方式比较适合年轻人和老年人，到期后本金收益完好无损。

货币基金的收益在4%左右，比储蓄利率高一点，由于流动性强，随用随取，拥有"准储蓄"的美名。货币基金的资金主要投向于银行定期存款、大额存单；中央银行票据、债券回购、中国证监会等。投资风险几乎为零，也成为稳健投资者优选的靠谱理财方式。在选择理财产品时，一定要量力而行，有多少资金理多少财，如果有50万元资金，却要购买投资门槛100万起的信托产品，甚至凑钱购买，无形中就会增大风险。

面对各种各样的理财方式，让资产在保值的基础上，还能获得最大的增值，应是最理想的理财方式，选择何种理财方式，不仅要对自己风险偏好了如指掌，更要学会发觉各种理财方式的增值方式，并游刃有余地加以运用。

本钱不定存，找到钱生钱的方法

在赚钱的道路上，使你停住脚步的陷阱会很多，如果没有目标，你就不会清楚走哪条路，所以要先设想下自己的目标该定多少，并根据目标倒推每月存款计划。存钱的过程是一种享受，也许你收入平平，但只要学会钱生钱的方法，慢慢地积累，你同样可能变得富有。

有钱人买豪宅、开豪车、周游世界……一切都随心所欲，然而在许多普通工薪收入者眼中，这些只是遥不可及的梦想，也许永远无法实现。所以，不妨带上存钱的锦囊，避开重重的陷阱，在富人道路上迈进。除了必要的生活费用，将剩余的钱存储起来，可以让你在不知不觉中减少很多不必要的支出。比如说KTV唱歌、几顿美食、逛街淘点小东西，虽然都不是太奢侈的享受，但瞬间会令你手中的百元大钞消失不见。但如果到手的薪水，你先拿走一部分用于储蓄，剩下的那部分可供支配，那你会知道自己手里的钱不多，于是当你想大手脚的消费时，也必须得精打细算。

在计算存款实际增值时，需要我们将通胀考虑在内，也是鉴于此，传统的储蓄方式，如银行存款等，一般只适用于存钱的初级阶

157

段，也就是从无产阶级迈向低产阶级的过程，当拥有了一定的积累后，就可以采取更灵活、收益效果更佳的投资工具。在选择投资工具时，一般有几个要素要考虑，首先应该是便于操作，如果存钱过程太过于复杂，就会让人难以长期坚持下去。而智能化的存钱工具应是最省心省力的选择。其次是这一工具必须有一定强制性，如定期投，只要把认购日期定在工资入账后几天，就能确保资金成功转出。再次是具有波动性，波动较大的产品往往能让投资者收益更多。因为定期定额的购买方式平摊了成本，而大幅的波动能给予投资者更大的获利空间，反之波动较小的产品虽然够稳，但可能与银行存款类似，不具有收益上的优势。现在，除了基金定投之外，黄金、投连险都可以分期买入，这些产品的波动性较好。此外，中途不易赎回的产品，对定力不足的储蓄者来说更合适。比如当你选择期缴投连险，就应该一开始就长期坚持，因为产品本身有初始费用、账户管理费、手续费等，短期退保的成本会很高当然，有高收益可能就有高风险，对于自己没有接触过的投资品种，最好先了解，或是敬而远之，或是学习相关知识后，再做选择。否则，很难保证你的存钱不会越存越少。

夏雨大学本科毕业后，进入公关公司工作，仅7年时间，她已经拥有近200万元资产，其中包括市值近100万元的房产，而与她同时大学毕业的林雪也在公关公司任职，虽是同行姐妹，可她除了账户上仅有的2万多元积蓄，再也没有其他资产。

是什么让两个财富天差地别，是工作收入还是家庭背景？全都不是，这样的区别仅仅因为她会存钱，知道如何有目标地存钱，而林雪则更愿意在没有压力、想到哪就做到哪的生活中走下去。对于夏雨来说，理财已经成为了一种习惯，因为她的家境一般，她也从小就学会怎么挣零花钱，而且会很好地将零花钱用出去，从来不胡乱花钱。

夏雨从学校毕业后，月收入很快上升到6000元，达到了中等收入水平，而且，由于她勤奋能干，在工资基础上还有特别的奖金，那时的她，早已经树立起自己第一条财富理念，拟定了财富计划，为原始资本积累做准备。她最初的目标，是在一定时间内拥有20万元。

与夏雨相比，林雪的家庭条件较好，从未为吃穿犯过愁，成长一帆风顺。在父母的精心培养下，林雪顺利考上大学，而且每年都能拿到奖学金，加上父母给的大量生活费，她在大学的生活，比其他同学宽裕很多。

"钱的作用不就是让生活更好吗？存钱只会苦了自己，还不如花钱来和精干主。"林雪一直对钱持这样的观念。所以，当她大学毕业进入公关公司后，当她的收入同样有6000元时，她想到的不是存钱，而是如何花钱享受生活。加上父母都有较好的收入和退休保障，林雪并没有后顾之忧，两个人不同的成长经历，不同的生活环境，给了夏雨和林雪不同的财富理念，也直接造成她们拿一样的薪水，却过着不一样的生活。

所以追求不同，选择的生活方式也不会相同，所树立的财富观念也会不同，最终的结果必然迥异。有人选择辛苦存钱，那是一种享受，而有人选择快乐消费，同样也是一种享受。生活中的你，持有什么样的财富观念，就决定着你是否能成为一个真正的有钱人。

在小时候，父母都会为我们准备一只储蓄罐，让我们把平时零碎的硬币、零钞积攒起来，这就是我们人生中第一堂存钱课。而现在，我们的储蓄罐越来越多样，功能也越来越强大。要想实现聚沙成塔，就要善用各种各样的智能转存功能，把小额资金及时转化为定期存款、货币基金、债券基金等，让我们储蓄池里的水永不枯竭。

20世纪90年代，美国斯坦福大学有一个名叫默巴克的学生，成绩非常优异，每年都能拿奖学金，但他的家庭很普通，父母都是普通的公司职员，经济上有些拮据。默巴克为了减轻父母的经济压力，进了大学以后就打工赚学费，帮学校做一些剪草坪、收报纸、打扫卫生的工作。在打扫学生公寓时，他发现了一个问题，墙角、沙发下、床下、桌子下有很多硬币，一美分5美分、10美分、25美分的都有，默巴克把它们都捡了起来，然后又如数还给宿舍的学生，但有很多学生嫌麻烦，都不肯收回这些硬币，默巴克觉得很奇怪，还就这件事给财政部写了信。

财政部很快就回信给默巴克，告诉他每年被人扔掉的硬币就有105亿美元。一百多亿，居然都被扔在墙角、沙发下，这让默巴克陷入沉思。生活中的他，一直琢磨着如何把这些被扔掉的硬币变成财富。要想把这些财富挖出来，首先要搞清楚到底有多少。于是，默巴克查阅了大量资料，结果显示，在30年的时间内被人丢掉的硬币，大概有1700多亿美元。这是一个多么巨大的金矿！

该如何去挖呢？冥思苦想后，默巴克想起来硬币兑换机。他很快就注册了一家叫做"硬币之星"的公司，制造出自动换币机，然后把这些机器放到各个超市、市场里，顾客只要把手里的硬币放进这个机器，机器就会自动点数，然后打出一张收条，顾客凭收条，就可以到服务台领取等额现金。结果这种自动换币机在超市大受欢迎，仅仅5年时间，"硬币之星"就在美国9000家超市，设置了10000台换币机，而默巴克也从一无所有的穷学生变成了超级富翁。由于他传奇的故事，人们说他是一美分垒起来的大富翁。

以小见大，默巴克的成功在于他会从细微处着手，一分分地积累，并充分利用这个商机，拓宽营销领域，小小的一分钱，就可以成就一个人超级富翁的梦想。

定时转存，活期变定期，多家银行卡都具有这一功能，使用起来很方便。也就是说，在一张银行卡内设有多个账户，活期账户和多个不同期限的定期储蓄账户，按照客户的需要，持卡人可以预先在银行柜台上设立一定的资金触发点，超过触发点的活期存款，银行系统就会自动搬家，挪到指定的定期储蓄账户上，从而让存款人获得高于活期存款的收益。

在这种定、活期存款约定转存的管理中，一般会有两种模式，一种是设定好活期存款账户的资金额度，比如设为1000元，那么当你的卡内的活期存款高于1000元，银行就会自动把多出来的资金转到你事先指定的定期存款账户上。还有一种刚好相反，设定好定期存款的数额，其余的资金则划转到活期账户里来。当需要运用资金时，也不会出现周转不开的问题，银行卡会逆向实时地把你存入的定期储蓄账户的资金再搬出来，保证你的资金调度。当然，如果这部分资金还没有存足期，就只能按活期储蓄来记息。定期账户上的剩余资金，则可以继续享受定期存款的收益。

倾向市场基金和短债基金，也是很好的资金管理工具，它采用了逐日计提收益的办法，流通性强，收益率可以与一年期定期存款利率媲美，申购、赎回过程也不会产生费用支出，所以在高阶版的约定默契功能中，把此类型的基金当作新的转存对象。招商银行的"溢财通"采用了与如商基金的合作，只要在招商银行开通"溢财通"功能，并进行约定转存的设定，高于设定金额的资金，就可以自动转成招高现金增值基金。比如，设定5000元为账户保留最低现金余额，

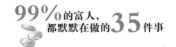

开通"溢财通"后，招商银行系统就会每天检查账户余额，若日终处理时账户余额高于设定的5000元保留额，高出的资金就自动溢出申购招商现金增值基金，这样多出的资金就可以享受到货币市场基金的收益。

工商银行的"利添利"账户也有类似功能，在已经推出的产品线中，可以利用这个平台，把自己闲置资金以约定转存的方式，投资于工银瑞信、华安、南方、诺安、广发、中银、建信、博时多家基金公司的9只货币市场和短债基金产品。"利添利"账户还可以确定自动申购的上限水平和自动赎回的下限水平。当你指定某只基金"利添利"账户后，该账户的存款余额超过事先确定的上限水平时，超过部分的金额会自动转入基金交易账户，自动进行基金申购，使该账户的余额回复到上限水平，这样，就可以既保证你的活期账户中留有足够的余额，又可以让闲置资金获得更高的理财收益。

货币基金的投定，主要功能不在于平滑投资成本，而是把货币基金当成一个钱袋子，不仅能大力发挥存钱的作用，更能成为投资转换的利器。货币市场基金的收益按日累计，目前货币市场基金的购入门槛较低，1000元就可以进行申购，更加适合闲余资金的管理。所以，货币市场基金，不仅是一个钱袋子，还是一个高收益的钱袋子。

往钱袋子里存钱有两种方式，一是定期存钱，定期充值钱袋子，投资货币市场基金的主要目的在于，建立起强制储蓄的机制，帮助资金获得更多的收益。比如说可以将工资日的第二天设定为定期充值的扣款日，设定捐款的金额，这样工资账户上的资金就可以自动进入钱袋子。第二种方式是自主充值，不少公司的年终奖金发放到位时，很多人对于年终奖的用法还没有明确的想法，暂时充值到钱袋子，就可以为资金找到临时的管理途径。

很多基金都开通了"智能定投"和"智能赎回"的功能，钱袋子在其中就类似于一个蓄水池，可以按照指定的数点位。如上证指数，确定是否购入或是赎回股票型基金，而在不同的点位基金定投、赎回的金额，也会相应有所不同。如果把钱袋子与此功能进行组合，当指数走高时，可降低定投的份额，资金就停留在钱袋子中，获得低风险的收益；当指数走低时，定投比例加大，资金可以寻求更多的市场机会，智能赎回也是同样的道理。

对物质生活的追求，往往会令很多人在辛苦存钱的中途折返，好不容易账上有了几万元的收入，但一次旅行就全花完了。如果你是这样的人，想要成为有钱人，基本上不可能。我们应该有一个明确的目标，而且这个目标既不宜太高，也不宜太低。总之，应学会通过各种理财办法，利用利滚利、钱赚钱的方式，让自己早日成为富人。

第五章
CHAPTER 05

理财有道，以科学方式分配财富

富人之所以富有，是因为他们懂得驾驭资本，理财有道。他们不仅懂得积累财富，珍惜自己所赚取的财富，还善于分享所创造的财富，在分享的过程中享受到满足感，并依靠分享获得更多财富收益。对于经济并不富裕，但又有一定剩余的人来说，做好资本原始积累，是理财的第一步骤，也是关键步骤。然后再思考生钱的办法，借鉴富人成功的经验教训，让自己早日加入富人行列。

让金钱成为你的情人

> 金钱是万能的，但这里所说的"万能"，有着特定的含义。我们不能因为害怕承认金钱的万能，而让自己的认识受到局限，要做到比一般人更具有洞察力，更能认识到金钱的重要性，看清楚金钱转化的所有形式，还要认清楚金钱的限度在什么地方。

在生活中节约下来的每一块钱，都是将来财务自由的坚固基石。不管是花钱还是攒钱都是如此。20元钱和40元钱的花法，最初看起来没有什么区别，但经过一段时间后，就会产生十分悬殊的贫富差异。如果当前你已有了收入来源，就从今天开始积累财富，不要只觉得只有5块、10块，或许这些微不足道的积累，很多年后会带给你不菲的收益。不可否认，金钱一直在左右着人们，拥有的钱越多，收益就越显著，工作的效率也会越来越高。而人们有了钱就有了意想不到的自由，可以不去为别人打工，安心踏实地陪在家人左右，或是带家人周游世界，只要你愿意做的事，基本上都能成功实现。

有些人会觉得奇怪，为什么就总是存不下钱。钱是花出去了，却不知道花在什么地方。美国对有钱人做的一项调查表明，很多富人会把全部收入的30%左右用来投资或储蓄。虽然这不是致富的唯一途径，但也是能让他们成为富人的原因之一。所以，你想彻底摆脱金钱奴隶的束缚，忍痛改变消费习惯时，将来很可能会被列入富人行列，所以要么满足于现状，要么就彻底改变自己，开始踏上科学的理财道路。

李磊的月工资是1900元，他想在30年内买一栋价值25万的房子，20年内买一辆10万的私家车，他首先要在每个月往银行卡内存入一笔资金，3年内房产下降时，便贷款买房子，投一个贷款信用保险，然后投资股票和基金。

利用手中有限的资金，借助银行储蓄的利率或是参加国债回购，按照国家国债发行计划，每月购买一些，时间一长就形成滚动循环状态，他坚持了3年，获得了不菲的收益回报。

毕竟光靠投资是有限的，对于不必要花的钱，李磊尽量地去节约，这样一年就可以省下一笔可观的收入。有了余钱，就可以在投资方面有更广阔的余地，使之保值增值，产生更大的收益。因为他做到善于计划，所以能以最少的工资得到最大的回报。这样，自己设定的目标，通过不懈坚持，就会一步一步地实现。

理财需要你善于计划自己的未来需求，只有根植于现实，制定长远的理财计划，才会在金钱支配方面有更多自由的空间。所以，能做好的计划对自己的未来很重要。在对待自己的薪水问题上，明智的人不会在乎存折的薄与厚，而是在乎如何才能将存折里的钱高效地运用起来，只有把思想解放出来，对财务有正确的认识和控制，才不至于使自己操劳一生却依然清贫。对负债要进行严格的控制，在进行投资之前，一定要先考虑到，以后是否还可以用这笔钱还清债务。时刻要提醒自己，永远把投资储蓄放在人生的第一位。拥有持之以恒的理财理念。想让金钱成为你的情人，不管需要的是现金收入还是长期的股票增值，成功的实体投资是你致富的关键。在日常的生活中可以将每月的收入存20％，就算每月存500元，一年就是6000元，5年就会有30000元的储蓄。也可以用一部分钱从做小买卖开始，经过一步步的积累，逐渐建立起自己的企业，就能获得可观的前景，从而使你获得长期的投资回报。

如果再能从日常的开销中节省一些，就可以拿出一部分钱买基金。如果每月投入500元就可以买5手，先不要管是涨还是跌，一年就会有6000股，5年就有30000股。购买时一定要买低价，这样才能有更多的赚钱机会。银行一般都有代理基金的业务，可以随时买。由于每一种基金所对应的风险不一样，就需要根据自己的情况来购买不同风险的基金。在投资的过程中，每年都会有分红，所以先不要着急抛售，或许到一定的价位买进，基金的价值就可能不止3万。如果要买房，那最好购买套小房，更适合自己住，而且也方便出租。

自带饭菜上下班，每周可以节省不少午餐费用，一年下来肯定也是一笔不小的数目。如果乘坐公交上下班，就可以节省汽油费、停车费、汽车的耗损、保险费以及停车位的费用。要多从图书馆里借书，或从互联网上下载一些致富实用的书籍资料，并不间断地时行学习。生活要节省简化，多到廉价或拍卖场等购物。购买东西时，要先考虑自己所花的钱是否值得，有的价格昂贵的物品，质量不一定就好，所以，不要盲目相信"贵的就是好的"这样的观点，而且购买东西时要学会砍价。如果能从你的薪水里拨出一部分存入账户，那是最好的理财方式。养成记录收支情况的习惯，要弄清楚每天、每周、每月的资金去向，并能列出预算和支出表，同时对所有的收据进行核对、检查，以便核实商家有没有多收费。身上最好只保留一张信用卡。从各个方面注意节省开支，并开展科学的投资，通过一点一滴的积累，你就会与金钱的关系越来越近，使金钱逐渐成为你的"情人"。

对于那些百万富翁来说，虽然都有自己的个性，但绝大多数是白手起家。所以，对于那些一贫如洗的人来说，积累金钱有着不可抗拒的力量。追求财富者最大的天分是瞄准时机，如果想变得富有，就必须要有冒险的精神，敢于从那些总是踏实、像苦工似的挣钱人所不敢涉及的领域，来寻找机会。他们非常有远见和卓识，知道如何利用别人的主意来赚钱，他们真正的秘诀就是利用别人的创造性，并运用到实际中去，以赚取更多财富。他们有很强的洞察力，善于观察别人，并通过对别人的了解与他们打成一片。他们知道如何通过与别人打交道的方式，获得自己想要的东西。因为他们比较敏感，所以也会很了解别人对自己的感觉。追求财富的人，内心深处总是有着强烈的孤独感，而金钱却是他们的情人，付诸于全神贯注的精神去追求财富，给他们带来的快乐和满足就会大于一切。

要对你的需要有所预测，在你有多余的收入时，可以进行储蓄，储蓄能解决资金短缺的忧虑。从古至今，金钱的地位和作用不因人们的意志而改变，它总是与我们的生活息息相关。所以，培养良好的储蓄习惯，可以使你在失意时不窘迫，得意时不骄奢，而由于你能有计划地利用金钱，就能让每一分钱都发挥到最大功能，从而使自己的财富越积越多。

学会借助自己的优势，正确拥有、使用金钱，让我们的理想借助金钱成功实现。当然，金钱是人生存的必要东西，但不管任何时候，人都不应成为金钱的奴隶。即便你家财万贯，也应更多地掌握技术和学问，这样才能成为一个精神和物质都富有的人。

其实，不少单身贵族都是懒人一族，他们毫不在意金钱和积蓄，每天挣的钱，也许根本不够花销。所以，那些以单身状态生活的人们，要转变生活方式，不应该只想着在个人自由世界里，尽情地享受狂欢，而是应该寻找属于自己的理财方法，生活成本总是在不断的提高，消费的压力也日益增加，只有让自己的财富升值，才会让将来更好地享受生活。所以，你必须在轻松用钱的同时，有必要考虑如何理财。不要觉得理财会打扰、困扰生活，甚至认为是守财奴的表现。要学会轻松理财、省心理财，更进一步就是优雅理财。那么，怎样才能做到轻松理财？就是让你不会劳心劳力、担惊受怕，又可以有一定的收入却并非蝇头小利。这样，别人就不会认为你是一个财迷心窍、为财入魔的人，而是认为你有很强的理财能力。最初，人们总觉得最省心的理财方式，是把钱存入到银行吃利息，但这些不争气的利息还是涨不过CPI等指数。后来有了余额宝，把钱存入余额宝，收益明显比银行利息可观。

然而，后来余额宝被限制了，很多人不得不寻找别的投资方式。如今，市面上琳琅满目的理财产品，让人眼花缭乱，人们一时间不知道如何选择。在所有投资渠道中，最吸引人的是那些名号比较大的股票和基金，这种投资有高收益，但也蕴藏着高风险，更适合那些财力雄厚的人。如果你只有小额资金用于投资，股票和基金都要慎重选择，而且要留下必要的生活流通资金，千万不能全部投入，也不要"将鸡蛋放在同一个篮子里"。

金钱作为一种工具、资源，你妥善地利用，可以让你更快实现地人生的目的，让你清楚自己的目标，使你感到快乐。金钱让人满足和快乐，指的是当你有足够的财富以后，可以自己生存下来，不过度依赖身边的人，于是就不会成为别人的负担。更重要的是，你如果是热心肠的人，可以用自己的财富帮助别人，从中体会到无比的满足感和幸福感。

虽然金钱能有限度地换来健康、延长寿命，但是它绝对无法买来健康和寿命，那些不治之症，花多少钱也不会治好，不管一个人多么有钱，他终将活不到几百岁。而且，很多精神和感情是金钱买不来的。所以，在金钱面前，要拥有良好的人生态度，安于俭朴、不贪心、不虚荣，不妄想非分的享受，将永无止境的物欲控制在安然的状态下，洒脱自然地生活，当然就会有恬淡安逸的乐趣。虽然金钱是身外之物，但对每个人来说都是很有用的，应该以正确的方法，尽最大的可能去赚取，并且对自己来之不易的钱做到节约，不欠别人的钱，不做亏心的事，即便生活有点苦，但心情却轻松，走也方便，睡也安然，这种轻松、快乐是金钱买不来的。

当你对金钱采取一个透彻的平常心，就会完全不受它干扰，即使你给自己规定静静修养几十年，也会在金钱问题上不受干扰。不管你是否有钱，都要拥有这种感觉。这样，你才能用正确的人生价值观看待金钱，而且在利用金钱时，更善于把做事和运用金钱通融起来，运用得随意自如。从而，在你的人生里，金钱就没有负担的概念，而可以借助金钱享受生活，让金钱时刻伴着你，永远幸福、快乐！

分享财富、乐善好施，拥有好人缘

财富不仅仅指金钱，它还应该包括你的身体、品德、智力等，人生的每一样财富都值得重视，值得你花时间创造。现实生活中的你，如果只是狭隘地认为富有等同于金钱，对金钱走火入魔，不关注其他方面的积累，那你注定不会成为真正富有的人。

财富并不完全等于金钱，它既可以是物质的，也可以是精神的，金钱可以是财富，但财富不一定是金钱。要对自己的人生价值观有正确的认识，正确选择财富、珍惜财富，做真正的富人。要有分享的精神，聪明和技巧都留不住它，只有冲破自私的桎梏，成为一个乐善好施者，它才会从四面八方向你聚集，变成你的一笔隐形财富。分享的心态，会让你增长知识、加深友谊、升华爱情、增加技能、家庭幸福、事业顺遂，会让你得到成功和快乐。分享是一种精神，总会以不可抵挡的气势感染人，从而聚集更多机会和财富。要慷慨地与他人分享，不断地给予，如果一个人只想着独享财富，就意味着他会失去更多财富。

财富是上天的恩赐，我们掌控着给予和收取，主动把自己的东西拿给别人分享，体现的是仁爱和宽容，需要的是勇气。所以，在与他人分享财产、知识、业绩等东西时，如何克服虚假的情意，会比触动我们的钱包更为困难。而积极地与别人分享，则意味着尊重，体现的是民主和合作。学会分享可以使我们学会关心他人，关心自己；欣赏他人，欣赏自己。苦难与欢乐的共享，会让你的心灵不断成长。不愿分享是人们生活中最糟糕的生活方式之一，不懂得分享就会对人小气苛刻，也会让周围的好友逐渐与你疏远，分享是人生的宝贵财富。

不愿分享的人忧是苦，乐亦是苦，就会总把自己的体验、成果等苦苦隐藏起来，害怕他人超过自己，时刻都只为自己打算，将客户当作赚钱的潜力股，把同事看成冤家，他们不懂得人生最大的财富应该是人。虽然这样的人能独当一面，但也不容易得到人的器重。不愿分享，遇到危险唯恐牵连自身，就做不到仗义疏财，更不用谈路见不平拔刀相助，即使高居一人之下万人之上，也只会是昙花一现、败北而归。

老子说，以其不自为大，故能成其大。继而他又说，不自见，故明；不自是，故彰；不自伐，故有功；不自矜，故长。这些都是自我控制力的重要内容，也是赢得好人缘的必备素质。一个人能够严于律己，虚心待人，适度保持低调，知道如何与人分享，就会如老子所说，不自大，故成其大，给人留下好印象，从而赢得别人的尊重。

好人缘体现出一个人的学识、品位、道德，是知识、修养及综合素质对人性的洗练。当然，好人缘又不是靠别人施舍或者与生俱来的，需要自我修养的不断完善，是自身不懈努力积累的结果，是如唐代诗人刘禹易所言"惟吾德馨"，就会结得好人缘。世上惜兰草，人间重友情，好人缘就要善于乐善好施。真诚助人，乐善好施是灵魂的芬芳，是身心的滋补，是品格的提纯。敬人者，人恒敬之；爱人者，人恒爱之，所以好人缘使你受益无限，使纯真的友谊醇香如酒，对人生圆满、事业成功都有很大的裨益。我国古代被尊为财神的陶朱公，就曾将"千金散去还复来"做得淋漓尽致，据《史记·货殖列传》记载，陶朱公三次获得千金致富，每次都用自己的钱财救济身边的朋友。财德双馨，为富而仁，方称得上财富君子，而陶公此举，便称得上"富好行其德者也"。

曾经有这样一个故事：某个学生在读大学时，每个星期回家都会带回六个苹果，虽然寝室里一共有六个人，但他从来没有拿出一个与大家一起分享，而是用六天的时间把苹果吃掉。后来大学毕业后，他找到一个非常好的创业机会，可是资金却不够。于是他找到其他的五位同学，希望能从他们那里获得帮助，可是在学校时，他的五位同学就非常看不起他的那种举动，当然就没有一个人相信他，谁也不愿意借给他钱。

新东方的创办人俞敏洪说，其实无论是一个苹果，还是六个苹果，都是一个口味，如果他自己只吃一个，将余下的五个苹果分给另外五个同学，其他同学也能享受到吃苹果的幸福。这样，当其他五位同学带来其他水果时，也一定会分享给他。这样，他不仅可以尝到一份苹果的味道，还收获了别人给予的五份快乐。

这个同学太过于自私，在学生时代，他只能尝到苹果的味道，他不懂得五份快乐对他来说意味着什么，所以当他踏上工作岗位，遇到困难时，再想向曾经的同学求助，因为同学对他的轻视、不信任，他很难得到别人的帮助，当然也就不会有人生的快乐。

在很多经典中，释迦牟尼佛都作过布施的宣说，一个人如果乐意布施财物，那么在今生这个人就会得到许多人报恩，回酬财富，而且后世也能得到布施的安乐果报。这个道理就如同把自己的财物存放在别人那里，可以在任何时候收取，永远不会让所存的财物贬值。并且利息惊人，一文的投入或许能收万文。悭吝的人想变成富翁会很难，而乐善好施的人也不会轻而易举地变成穷人。似乎吝啬的人不喜欢财富，而布施者倒像是在贪图财产。如果害怕布施会让自己变得贫穷，就会让那些悭吝者就不愿发放布施，而悭吝会让人变得贫穷，所以，智者会把自己的财产对别人布施，帮别人度过难关，自己品味到分享带来的满足。

几十年来，周梓钦收养救助过数名贫困儿童，他一步步向前走着，不为误解非议而耿耿于怀，也不介意华美的赞誉，而是从容浅淡地面对社会。他把对他人的施以援助、解困于人化成日常的行为习惯，认为做人的本分就是帮助所见到的贫弱者，虽然在时间主宰下，生命变得脆弱而短促，但周梓钦却可以将日月慢慢沉积成慈善，在他的生命深处，凝结成一份朴素的重量。

2010年大年初三，周梓钦为湖南省株洲市炎陵县霞阳镇中学赞助价值20万元物品，开展了"善行天下"等一系列慈善活动。这份慈善是周梓钦的心，而不是钱。周梓钦的善举施于他人之没有功利、不存在算计。在他的心中，除了同情和关爱，别无所求。

后来周梓钦策划了"百帮一"爱心助残大型慈善活动，将大型商务运营与爱心事业完善结合，利用公益平台联络、并带动政府机构及企事业单位支持、投资公益事业。市场化运营、社会化手段与公益慈善事业相结合，缓解政府因为庞大弱势群体求助所带来的压力，同时为扩大城乡就业人群体，社会和谐稳定做贡献。

周梓钦的慈善略去性别、职业；跨越地域不分种族，不问信仰，不计是否相识，用平等、尊重的心态扶助那些需要关爱的人，展现他广阔胸怀慈善。周梓钦传扬的"乐善好施"慈善精神，秉持"乐善"的态度，用关爱与亲情让贫弱者在我们的视域内渐行渐远；以"好施"的境界，用不懈努力与付出，让痛苦与不幸的伤痛在人们生命中越来越轻。

要慷慨地与他人分享，对于人生来说，独享财富就意味着失去财富。虽然人生的每一样财富都需要花时间去创造，值得重视，似乎应该是为自己所珍惜的，但如果懂得了分享的过程，就让自己意念中的自私变得越来越浅淡，就会让人生充满着无限的快乐，久而久之，就会让乐善好施形成好习惯。在国外，尤其是在欧美发达国家，向慈善事业捐款已成为大多数富人的好习惯。美国的很多医院、博物馆、大学、音乐厅甚至铁路，都是富人们捐助建的。在西方发达国家，以基督文化为背景的慈善业，业已成为一种高度普及的大众仁爱信仰。因此，在国外，从未听说过在那里谁捐了巨款而被树为全国慈善典型，就算比尔·盖茨捐款几百亿亿美元，也未获此殊荣。

钱就像山中清澈的泉水，具有流动性，来去自如才会源远流长。静止的潭水，表面看有如明镜一般光滑无波，而实际上是污浊的一潭死水。而泉水永远清洁而令人振奋，是涌流不息的活水。把钱死守着的守财奴，就像是堵住了泉水的出口一样，将本来流动自如的活泉，变成了一潭死水，旧水出不去，当然新水进不来。真正的富翁都懂得，为社会谋的福利越多，社会发展会越好，而自己的就来得越快，所以，他们对金钱与财富有着不同的思考。吝啬的人总会认为，自己的钱来得太不容易，一定要紧紧拴在自己的钱包里，这其实是泯灭金

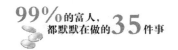

钱的本性做法。金钱作为一种能量，只有流动才会产生力量。

你拥有越多，就需要得越多。正如亚里士多德对那些富人们所进行的描写，他们生活的整个想法，是他们应该不断增加他们的金钱，或者无论如何不损失它。尽管亚里士多德不可能宽恕那些财富获得者，然而他没有完全谴责他们，而是说"一个美好生活必不可缺的是财富数目，财富数目是没有限制的"。他警告，但是富有和财富没有限制，一旦你进入物质财富领域，仍然很容易迷失方向。而有思考的富人，不会变成金钱的奴隶而迷失在金钱中，能够真正拥有金钱并支配金钱的人，绝不是"马无夜草不肥，人无横财不富"的暴发户，真正被人们推崇的千万富翁，他们具有坚忍不拔的毅力和敏锐的眼光，他们从不做出巧取豪夺和侵占公私财产的损人利己行为，对"游戏规则"进行破坏，更不会迷失在金钱中，成为被金钱支配的奴隶。

富人们明确他们人生的最终目的虽然不是财富，但是财富却是他们在实际生活中获得快乐和社会地位的手段。事实上，一方面，拥有的财富与人性中一些优秀的品质密切相关，例如：慷慨、诚实、自我牺牲、节俭的美德；另一面，财富又使贪婪、自私的人产生浪费、铺张挥霍、奢侈等罪恶，所以人对财富的主观意识，会让财力对命运的产生不同的影响。

按照通常的理解，理财的目的有两个层次：第一是财富安全，即当期收入可被工作收入所覆盖；第二是财富自由，个人当期支出可被理财收入覆盖。行有余力者，还可以把理财加上一个层次，是以额外的财力帮助别人，乐善好施。不管你有多少财富，要想获得别人的推崇，首先必须做到，你的财富可以让别人从中获得利益。一个人真正意义上的价值，不在于他个人，而是他的社会价值，也就是说他能够为别人做什么。能赚得财富固然能凸现一个人的能力，但是一个人只懂得赚钱，却不懂得怎么样谋求自己的财务安全，即使赚再多的钱再多也没有用。过度的贪心只能会丧失自己的财源，最后不能钱赚，而分享却不一样，它会让你拓宽财路，财源滚滚而来。

乐善好施是中华民族的传统美德，中华民族凭借这种精神，将解人苦难、助人脱困作为一种快乐和追求，作为一种行为习惯和生活方式。不起狰狞的欲念，就能看淡物质权力，不管花谢花开，只为他人伸出援助之手，用心帮助他人。分享是一种特别好的心态，一定不要吝啬自己所拥有的一切财富，借助群体的智慧，分享各自的方法经验，就会更加快速地达到所追求的目标。

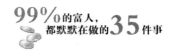

 ## 珍惜花钱买来的任何东西

> 学会挣钱是一种本领,学会花钱更是一种能力。如果只会挣钱,但不会花钱,每天挥霍无度,那只会让手中的钱越来越少。其实,那些富有的人,他们比普通人会赚钱,通常比普通人更为勤俭,懂得将每一分钱花在实处。生活中不懂得节省小钱的人,肯定大钱也会与他无缘,只有拥有节约的好习惯,才会使人生变得更加充实和富有。

节俭是富人的一种本性,不要认为富人花钱会大手大脚,生活会很奢侈,而恰恰相反,他们花钱有自己明确的目的性和计划,总会把钱花在刀刃上,能省则省,不该花的钱一分也不会浪费。也正是因为富人有这种一般人少有的个性,才会使得他们在创业的过程中很好地压缩成本,使有限的资金发挥最大的效用。没有谁是绝对的穷人或是富人,节约可以让贫穷的人通过积累,最终转变为富人。要想拥有了打开财富之门的金钥匙,就要从节约做起。要用节俭的道德标准优化人生,用正确的手段追求财富,节俭生活、减少成本,没有任何理由被轻视为小气或是寒酸,因为对美德的否定,就是对自身的否定与不尊重。

一般有钱人都有很好的储蓄习惯，他们会主动地将储蓄的钱去做有计划的投资，让自己变得越来越有钱。有位身价已经好几亿的富豪，曾经向他的朋友抱怨：我想了一个下午，我的那五十块钱到底去哪儿了？这并不是说富人吝啬，它所体现的是富人珍惜手上的每一分钱，然后聚沙成塔，他们知道金钱的重要性，不会随意浪费。

大部分富人过惯了节约的生活，成为白手起家的典范。他们的外表着装非常朴素，穿了好几年的衣服，一直就舍不得扔掉，也会相当谨慎地对待生意，珍惜手里的每一分钱，即使有人对他的项目说得天花乱坠，心里如果没有十足的胜算，也不会拿出资金进行投资。为了让资金得到最大限度的利用，他们只会把钱用在刀刃上，在一般情况下，他们会显得很保守，也就会让手里的流动资金很充溢，他们不会过分追求高效的项目，只在自己的项目上稳扎稳打，实现赢利再扩大入市赚钱。

学会花钱说明你会享受生活，应该不是坏事，但人一旦学会了花钱，就很难控制住自己的享受欲望，所以很多人会感叹：由俭入奢易，由奢入俭难。一般人很难跻身到富人行，但一旦进入到这个圈子就会发现，富人阶层也也不会过着挥金如土的生活，他们会弄明白自己的每笔花销。有一位富人坦然地说，虽然从生活上看，不再会有钱不够花的感觉，可是从事业上讲却觉得远远不够，毕竟还有许多项目需要投资，生活也会因为不断的投资而越来越精彩，充满了无尽的可能与希望。

虽然股神巴菲特坐拥亿万资产，但他仍然住在几十年前买的小房子里，亲自去商场购物。而且他会把商场给的每次优惠券都收好，留着下次购物使用。有人就问他："你已经这么有钱了，为何还要使

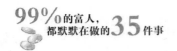

用优惠券？这样做能节省多少呢？"巴菲特回答说："省下的钱可不少，足足有上亿美元。"面对股神的回答，那个人充满怀疑地说："一天节省一两美元，能够节省下一亿美元？"

巴菲特分析道："虽然每天节省一两美元，从表面上看来没有多少，但如果一直这样坚持下去，一生中我大约能省下5万美元，假如我们其他收入一样多的话，我至少比你多出5万美元，更重要的是，我会将这5万美元用于我的投资，购买股票。根据过去几年我投资股票获得的年均18%的收益率来计算，这些钱每过4年就会翻一番，4年后我就会有10万美元。40年后达到5120万美元，44年后就超过了1亿美元，60年后就超过了16亿美元。如果你每天省下一两美元，到时候就会拥有16亿美元，你会怎么做呢？"

这的确是一个让匪夷所思的数字，巴菲特的理财方式让人们看到，财富总是一步一步积累的，而当你节约出生活中的点点滴滴，就会聚沙成塔，而财富达到一定的程度，你就是个不折不扣的富翁。成功者致富的欲望和创富的经历很令人心动，而我们如何才能与富人走得更近呢？其实，一个人的生活习惯，将会对他最终的行为产生很大影响，也就是说，如果你有致富的勇气，又像富人一样去思考，同时，在生活中，能抓住富人的一些个性化特点，就会大大提高成为富人的几率。

挥霍往往是一种无意识的行为，这种无意识的行为在不断的演变中形成一种文化，那就是挥霍文化。挥霍文化在现代中，已经具有显著特点。我们通常习惯于在力所能及的范围内尽情宣泄，却忽略了谦卑或者低调是一种更高级的品格。画家在画布上涂抹挥洒颜料是一种本领，但挥霍时间或是金钱、精力等，那绝对算不上是一种本事。而节约却是一种生产力，它不但可以带来物质上的享受，更能够让人产生某种愉悦的心情，让人们产生更大的精神满足。

随着生活水平的提高，一度电、一壶水的价钱，似乎微不足道，但夏天整夜开着空调、洗衣服时让水哗哗地流个不停，一定会耗费不少钱。我们经常忽略了这样一个事实，在生活宽松时，或许感觉没有什么，当紧张的日子到来时，想想曾经的浪费，那又是何等难堪！微不足道地付出会让我们毫不痛心地浪费，可是有时候就因为一度电、一壶水而发愁。中午停电时，人很饥饿，会希望有一度电来烧饭；早晨停水时，没有水洗漱，会希望有一壶水来洗脸。

从这里也就看到了节约的价值，每人每天节约一度电、一壶水，只是举手之劳，影响却如此深远。而对被人类剥削得所剩无几的地球来说，节约也是势在必行。可以去推测几十年甚至于上千年，做一下深思，想想当我们老去以后，还能给子孙后代留下什么？所以，贫乏和丰厚要依仗我们的节约程度。其实，节约应该从每个人做起，一个人的节约可以影响到身边的亲人和朋友，微小的力量变成庞大的群体，微不足道的节约，也会变成巨大的财富。

如今，节约与年轻人越来越远，"月光族"和"负翁"日益增多。以月薪5000元来算，每个月多花1000元和少花1000元，就使一年的差别是年薪的四成左右。很多人同时进入一个单位，经过三年的拼搏，有人买了房子，高兴得响丁当；有人身无分文，穷得丁当响。一般来讲，不想节约的原因有很多，但最重要的原因应该是对面子的维护，怕被别人冠以小气鬼、吝啬鬼的头衔。但实际上，吝啬是因为人没有爱心、为富不仁，而节约却偏重于自我约束。懂得节约的人，不花不该花的钱，而吝啬的人，该花的钱也不会去花。

拥有节俭的心态，在积聚财富的过程中很重要。在生活中，要尽量避免乱花钱，最基本的理财之道，是将节省下来的钱用于投资或是储蓄。根据统计，在美国富人和富裕人群中，74%的人在塔吉特购物，63%的人在家居用品店购物，而在蒂芙尼店购物的人只有5%，在路易威登购物的人比例为2%。在美国富裕人群中，71%的人每月使用纸质折扣券，54%的人每月使用网络上提供的折扣券。

在2006年《蒙代尔》中国500富豪榜上，有7名台湾人上榜，排在第二位的是台塑集团创始人王永庆。虽然王永庆的个人资产多达430亿人民币，但生活中的他却相当简单。他在台塑顶楼开辟了一个小菜园，他的母亲去世之前，全家都是吃自家种的菜。

喝咖啡加入奶精球，是台湾人所喜爱的，王永庆每次都会用小勺舀一些咖啡，把装奶精球的容器洗一洗，然后再倒入杯中，不会浪费一点。他在生活上崇尚节俭，肥皂剩下一小片时，还要粘在整块上继续使用。他每天做健身的毛巾，一条用了27年。王永庆从来不接受个人采访，是一个很低调的人。在他的眼里，一个人只需要努力工作，不需要把个人的经历告诉大家。这个纷繁复杂的世界，他始终坚守着自己的行为方式，坚守着自己的传统产业。

同样在此富豪排行榜上，李嘉诚以1580亿人民币排在第一位，他当然也是相当节俭，自己穿的衣服和鞋子，不一味地追求奢侈。皮鞋坏了时，李嘉诚认为扔了挺可惜，补好后照样能穿，他穿的皮鞋很多是旧的。西装穿十年八年再扔掉，也是很平常的事。李嘉诚每天六点起床，除了游泳或打高尔夫球，其余时间就投身到忙碌的工作之中。

李嘉诚对各种各样的书籍很感兴趣，主要是政治、哲学、经济、中国文化以及新技术方面的书。他把大约20年时间花在慈善事业上，已经捐出5亿美元，用在了修建各类学校、医院以及开展医疗研究活动。他说，慈善是长久之事，现在开展慈善事业，今后依然要继续开展下去。

作为身价上百亿元的王永庆、李嘉诚，他们也都懂得节俭在创富中的作用，而且有着一般人所不具备的高贵品格。富人们之所以富有，不是依靠偶然的机会变得富有，而是他们珍惜财富资源，一点一滴积少成多的结果。他们深深知道，不用说是一元钱，就是一分钱也来之不易，那是靠智慧和力气换来的。他们明白，没有人会不经过劳动就无缘无故地发家致富。即使从他们身上掉一元钱，也不会害怕丢面子，会毫不犹豫地捡起来。

富人之所以富有，因为他们深深懂得，不管多么富有，也决不能滋生铺张浪费、大手大脚花钱的思想。他们有着忧患的意识，知道由穷变富是多么不容易，而由富变穷却很容易做到。而古往今来，大部分富翁都没有富过三代，就是因为在养尊处优的条件下，他们的子孙后代不懂得财富"来之不易，毁之极易"的道理。

美国"第一夫人"米歇尔，自己并不是大富豪，但她的丈夫奥巴马每年有40万美元的收入，这对很多人来说，已经很了不起。贵为"美国第一夫人"，米歇尔并不追求所谓的阔气，生活中很懂得节省。比如，她最喜欢去美国大众型的商店"塔吉特"，这个商店中的商品价格便宜，是普通百姓可消费起的商品。和普通人一样，一些富人喜欢收集折扣券来购物，如大富豪法兰克莉，身家有1亿多美元，而她却从来不在零售店买衣服和鞋子，而是从网上淘那些折扣的服装以及其他衣物。

富人的节俭，也表现在他们善于理财，相比于一般人，富人花更多的时间用于规划理财。有七成以上的富人，每周至少会花四个小时去理财，甚至会有人达到十几个小时。富人的理财思维更为典型地体现在他们合理的消费上，一般的富人总会利用去旅游名胜开董事会等方式进行度假，这样一方面达到了休闲的目的，另一方面又可以把相关的费用列入公司的成本。

富人之所以富有，不仅在于他们懂得如何积累财富、节约财富，更在于他们深深懂得做人的道理。很多富人不光是拥有物质财富多，同时在他们身上还潜藏着聪明和智慧的火花，所以，我们在向富人学习如何多创造财富时，更要认真学习他们的智慧和经验。

第六章

房市置产，眼光要学会放长远

在如今的流通市场上，房产成为增值最快的商品，而且由于房产不同于股票、基金等，能让购买者感觉更踏实，已成为人们获取收益的一种理财工具。在进行投资时，就要将目光放长远，考虑购买那些增值房产。面对火爆的房市，利用一定的资金购买房产，已非是简简单单的消费行为，而是一种投资生财捷径。我们多了解行业动态，搜集可靠的房产信息，以便在鱼龙混杂的房产市场，保持清醒的头脑和独立的判断、思考能力，真正将房产作为生财的法宝。

宁愿买差一点的车，也要买好一点的房

> 不知道从什么时候开始，人们的消费观念发生了变化，拥有一辆车似乎成了衡量生活质量的标准，由于年轻人向来引领着时尚的潮流，所以这一人群中，仍然以年轻人居多。爱情观念、家庭观念、包括饮食观念的改变，似乎已经影响到了消费的观念，当人们有了一些富余资金，在先买房还是先买车的问题上，就有了截然不同答案。

在社会化日益潮流的今天，不用5年，汽车会在所有一线城市彻底普及，10年内在二、三线也会如此，3万元以内买个较好的代步车，或许不会是梦想。而不出5年，房子也会在所有的一线城市奢侈品化，10～15年内在部分经济发达的二、三线城市也会如此。北上广深市区中心热点地段的房子，十万块钱一个平方绝对是亲情价位。以此对比车子和房子，就可以看到房子有巨大的增值空间，而汽车的普及，却使其价值猛跌。房产作为一种固定资产，不仅可以给人们的生活提供一个固定的场所，而且房产的增值会带来高额回报，从2004年开始，房产几乎是以快跑的速度向上升，使其奢侈品化的趋势加快。

2005年3月，央行第二次调整贷款利息。这说明国家已经重视国

内有钱人热炒作房地产的情况，并想花些力气来改变这个局面，但是即将推出的物产税是否能真正降低房价？总的来说，房地产的发展是与经济同步的，有时候可能房地产的发展比经济慢一拍，如经济刚启动时，房地产不一定马上就好，等经济慢慢变好时，房地产才开始启动；经济不好时，房地产也不是马上就跌下来，所以要投资房地产，就要先掌握好房地产的周期。

一般人总说，买房子是件有风险的事，应该三思而后行，也会有人说现在银行都要亮红灯，为何还要投资房产？如果不知道房产行业的动向，就会被这样的话吓住，但如果能够认真分析把握就可以看到，说不准机会正在人们观望或退缩时闪现。房产的长周期性及其扩散波动形式意味着，地产价格有长期向上或大幅度向下剧烈波动的现象。2005年，美联储对全球大部分城市房价进行研究表明，很多国家房价连续上涨达十多年，最长甚至35年，然后突然暴跌，通常经济规模越大，其涨跌周期也越长。

房产价值主要取决于其本身的品质，包括地理位置、交通环境、配套设施、房屋楼层、户型等多项条件。这些是确保房产保值，以及未来增值的必要条件，也是购房人入住后居家生活方面舒适与否的关键因素。判断房产本身的品质，要看房型、面积、格局配比，公园、学校、集贸市场/超市、体育场馆等生活配套齐全与否，这些条件直接决定着该地段房产的附加价值，以及它未来的升值空间。

车就是一个简单的消费品，符合简单的消费品的供求关系规则。供大于求，价格就会下降，供小于求，价格就会上升。汽车是一种代步的工具，它能扩展人们活动的范围，增进人们之间的交流，提高人们工作和生活的效率，同时它又可以拉动需求，也是大力提倡和鼓励的。但是，随着汽车越来越普及，一系列的社会、环境问题也会随之而产生，如交通事故、交通拥堵、能源消耗、环境污染等。

年轻人刚进入职场，资本还相对比较薄弱，贷款买车也成为一种很时尚的消费行为。业内人士通过对贷款买车的利弊客观分析后，提醒广大消费者，有辆车虽然很舒适，但那些刚创业的年轻人经济还很不稳定，对他们来说，贷款买车并是不明智的选择，因为车子有很多附加消费。以一辆经济型轿车来说，各种费用每月就需要近千元，而车贷不像房贷款年限长，车贷还贷的时间不过三五年，这就意味着一辆10万元的车，每月要还3000元左右，对于上班族来说，这是一种很大的压力。就算是做生意，也是有好有坏难以预测，也会对个人的经济形成很大的制约。虽然车可以让人享受，但是可能因为经济被牵制，而使其他娱乐生活不敢涉足。所以，房子是增值品，而汽车是消耗品，买车不如买房。

不同的时代，人们的消费理念不一样，如果在几年前，在车与房的问题上，应该是倾向于先买车，那时候刚结束福利分房，很多人都赶上最后一班车，也就使得买房子的问题不那么迫切，而且那时的房价也不像今天这样暴涨。当时，买车更能代表一种消费观念的进步，并在一定程度上改变人们的生活习惯和方式。

但是，随着时间的推移，情况发生很大的变化，房价居高不下，而车价却是每况愈下，而且这种两极分化的现象，有愈演愈烈的态势。其实，从双方不对等的价值很容易看得出，不管是投资还是自用，买房子都要比买车更有价值，当然就更值得优先考虑。很简单的道理，房子是增值的，而车子却是不断贬值的。

几年前买的房子，几年后再甩卖出去，价格就会涨许多，而如果是购买车子，经过几年再卖，基本上就没有价值可言。房子作为生活的必需品，虽然绝大多数买房人还是留着自己住，但从投资角度来看，其实就相当于在银行存了一笔巨款。有了房子壮胆，人的心情也会开朗许多，而车子作为一种代步的工具，属于纯粹的消耗品，会给人增添巨大的负担。

买房子以后的花销并不多，除了装修、换家具，并没有其他的花费，属于一次性投资；车子就不同，从买回来以后，像流水一样的各种开销就会没完没了，除了正常的养路费、保险费、燃油费、损耗费之外，还有不可预见的维修费、违章罚款、事故损失、停车费用等，加起来就是一笔很大的开支。这是一笔不小的负担。如果仅仅把车子作为代步工具，实在是得不偿失，因为出门时用买车的这些钱打车，我们会用不了，而且还省却不少的麻烦。

人们的生活质量，或许因为买车得到改善，但这些改善却是建立在雄厚的经济基础之上的，不管是外出游玩还是出门逛街，车子在为我们提供方便、自由的同时，也使得各种开支节节上升，而这些开支往往是隐性的，也是没法让人预先考虑到的。所以，当遇到买房子好还是买车好的问题时，如果有钱，当然两样都应兼备，这更符合人们心中的理想，但如果只能从两者之间做出取舍，那就应该先买房子。

王、李、张三个人同在一家教育机构工作，共事也有七八年了，不过因为他们的理财观念不同，于是有了不同的结果。有一天，他们三人相约到一个地方聚餐闲聊，没想到会突然下起雨来，李对张说，真没想到天会下雨，要是有车开，那真是太方便了。张苦苦笑了笑说，是啊，不过因为前一阵子油价的上调，使得开车的支出越来越高。我正想着把车卖掉呢！我还真羡慕老王的房子，想当初买车还真不是一个好的决定。

一般人总会优先买进可以享受的资产，而缺乏增值与折旧的概念，但有钱人想的就不一样，除了要遵守富足一生的理财公式，对于投资理财的资产配置也有不同的概念，有钱人思考的是最好买进将来能增值的资产。以上述三个人为例，由于他们的理财理念不同，经过5年后，其导致的结果也不一样。

其中张所做出的买车决定，因为车子的折价率很高，就使其资产净值会很最低。如果张学习李的做法，定期定额投资到有机会增值的信托基金，5年后再来买车，则资产净值仍不变。如果买车代步是必要的需求，则就必须考量折旧的观念，如果以60%～70%的价格取得车况好的二手车，还可以获得一定的差额资金，用来做信托基金的投资，就会提升资产增值的机会。

而王却拿第一桶金用来买房，养房的压力虽然也不小，但是其资产的增值性却很好，如果能负担得起房贷，还可以进行小屋换大屋的操作，就能让资产再有增值的空间。如果王在投资上能达到5%的绩效报酬率，则5年后不管买车或是买房，手头上就会有最宽裕的资金。但是像王所熟悉的理财工具，是否就是一个好的选择呢？王除了买房之外，平常的理财工具是购买储蓄险或定存。虽然这些金融商品给予你一定的报酬率，但是扣除货币时间价值的影响，实际上只是补贴给你，只是由于通货膨胀而产生的损失，并不能说明你的资产会因此增值很多。在这种情况下，就应利用不同货币间的强弱势与其汇差，对资产的收益性进行增加，可以转换部分资产到美元，对未来汇率升值的收益坐享其成。

另外，在目前利率正处于历史的低档的情况下，王如果把钱拿去购买储蓄险，就会在未来几年把自己的资产收益固定锁死在一个低增值区，甚至不会增值。因为当利率上升时，根本无法弹性地调整储蓄险的资产配置。而在利率高档时，购买储蓄商品就成为一个很好的选择。因为将资产物增值性，预先锁定在固定收益的高档区，就可以避免因未来利率下跌，而造成资产收益的缩水。

当油电价格双双上涨，薪资倒退时，就必须要更关心你的每一分花费，当下次再进行消费或投资时，先会停下来先想一想：我现在的理财还是消费行为，将会让我的资产增值还是减值，我要拥有还是租用折旧率高的东西。生活中，不少企业老总越来越有资产折旧的观念。有些公司改用租车服务来取代传统购车，这样不用限期支付一笔庞大的购车费用，且租金仍可以报销，而且还可以在租用3年后更换新车。即使连办公室的影印机，也早已推出许多每月租用的方案，避免一次性买入动辄数十万元的支出。

随时留心这样的思维，也许可以让你早日进入财务自由的行列，快乐地生活一辈子。

看房也是一种休闲生活

> 有这样一句话，十个富人，九个靠地产起家，投资房产成为一般人快速致富的捷径，不过要靠房地产致富，除了要投入资金，勤看房也是缺一不可的条件。一般人总喜欢依靠直觉购屋，有钱人则是勤看房，更有甚者会至少看50间房子，比较优劣后才购入。

看房是一个既耗时又耗力的过程，我们往往是不辞辛苦地去看许多小区，通过各种渠道打量所有小区的优缺点，经过层层筛选留下精品。在看房的过程中，一些注意事项往往容易被购房者忽略，所以当选定中意的楼盘时，在售楼处面对销售员时热情似火攻势，务必要让自己的头脑保持冷静。这些销售员都经过专业培训，具备专业的房产知识，而且深谙扬长避短之道，他们常会将自己楼盘的缺陷和不足一笔带过。所以，在于销售人员交流时，一定要谨慎小心，避免步入购房陷阱。

如果你的目标只锁定在几个固定的小区，就会错失很多好的房源。为了获得更多的选择机会，要针对几个小区多做些全面考虑。也许在同别人谈论时，听到这个小区的房子不好，或是位置不好，就会不自觉地给你造成这个房屋周边配套设施差，出行不方便的错觉。但当你亲临现场之后可能就会发现，别人的说法竟与你的所见有如此大的差异。当你对房子很满意时，切忌直接在原地直接和业主谈价格。为了实现你的目标，最好是找个地方坐下来慢慢地谈，商量的余地会更大，你购房的成本也就会降低。

售楼行业的人常会说"均价"这个词，均价顾名思义就是这个项目的平均价格，但往往买房的价格与打出的均价会有很大的差距。所以，在看到均价时，一定要搞清楚其所指何项。在看到价格比较时，要先弄清楚每个项目报的到底是什么价，有的是均价；有的是"开盘价"，也就是最低价；有的是最高限价；有的是整套价格；有的是套内建筑面积价格。为此，不管是什么样的价格，我们需要弄清的是所选房屋的实际价格，一般情况下房价的出入很大，弄不明白就会影响到你的判断力。除了上述因素外，还要房子注意"初装修"还是"精装修"，因为二者对房屋的价格也有影响。

当有几个楼盘可供选择时，那些大大超过预算和性能过差的项目，购房者首先可以剔除，再进行综合比较。一般情况下，楼盘越贵性能就越好。在这种情况下就要冷静分析，哪些性能是无用的，哪些性能是必需的。对于那些华而不实只会增加房价的买点，就必须果断割爱。还要考虑到入住是否会按时，入住时水、电、闭路监控系统、电话是否能正常使用，能否保证有线电视、宽频网络入户、煤气能否正常使用，以及小区内清洁、绿化、保洁、排污、照明、信报箱等私用或公用设施能否正常使用。

在选购商品房时，质量问题最难把握，在日后的生活中，也是让人感到烦恼最多的问题。房屋质量问题主要起因于设计、施工中留下的隐患，主要体现在材料、结构、功能设置、施工管理、质量监督等几个方面。这些问题的专业性较强，一般购房者很难检验，考察住宅楼的质量，只有通过认真审阅商品住宅楼的《质检合格书》、《住宅质量保证书》、《住宅使用说明书》等相关证件。从居住的功能角度来分析，单元内不同空间要有相对合理的面积，合理的厨房面积应在4～5平方米之间，卫生间最好是洗、厕功能分开；三居室应该有两个卫生间，合理的主卧面积应在13～14平方之间；要让客厅的面积尽量大些，尽量减少厅内开门的数量；房屋内部不要有斜角，要方正。

房屋层次的高低，难以从表面上难看出来，一般的住宅楼，如果不考虑个人情况，在总层次的1/3以上、2/3以下为较好层次，如在北京地区的六层住宅楼的三四层、十八层塔楼的六至十二层也不赖。同时，不要忽视一些细节的地方，在很大程度上，一套优秀的居室体现在细节设计理论上。例如有的精品楼盘就推出了居室进屋，采用子母门，即有一扇小门与大门组合在一起，这样的好处就是在搬家具时，就不会发生"门小家具大"的尴尬。还有，在卫生间里预留电话插扎、屋面预留空调眼，有的楼盘在电梯专门设置了语音提示等，这些细微之处，都能体现着开发商的素质和意识，也体现着房子的质量。

在骄阳灿烂、风平浪静的暖日下，2013年10月13日，一个看房团双线齐发，一网打尽芜湖市城东城南城北营销热盘。

此次看房团以中青年居多，男女比例正好对半，看房团地通过一些有效的调查报告进行总结分析，其中只有15%购房者接受6000～8000元房价，也就说明在这个中小城市，超过6000元的房价还是很难被广大购房者接受；调查者中有45%的人群能够承担5000～6000元房价的压力，表示可以接受，也使得这一房价成为主流；而40%的人群认为5000元以下的房价，才在自己接受范围之内，以上分析表明，在购房者心中，6000元是房价是一个槛，如果房价越过这个门槛，就不会有好的行情。在买房队员中，大多是买婚房，比例占到40%；养老分别占到25%和20%；学区和投资两项似乎并不太受重视，只占到10%和5%。

其中的王小姐说，自己跟男朋友在参加看房团之前，就已经看过很多房子，以前看中了一个100多平米的三居室，南北通透的户型，现在想再多看看，希望自己的婚房可以一次到位，有高品质。

除了价格，买房最注重什么？品牌、交通、配套地段还是另有其他，新浪乐居网在有效调查中得出的结果是，配套最受购房者的重视，占到34%。可见，一个楼盘周边配套是否完善，对购房者心理起到很大的影响；而地段与交通则占了相同的分量，楼盘要想受购房者青睐，不仅要有好的地段，更要有好的交通条件，双管齐下才能笼络跳动的心；对于品牌看重情况，只有13%的人表示很重视，而不确定因素也还有9%的存在。

在区域选项中，城东由于其日渐便利的交通和日趋成熟的配套，越来越受到网友的青睐，34%的调查者在选择栏中勾出了城东选项。伟星地产在芜湖的口碑一直不错，这次看房团就参观了城北伟星新盘——玲珑湾，调查者中有很多人愿意在此购买。

网友李先生是无为县人，想在芜湖买房，正好伟星地产的口碑不错，房价也不是很高，在自己能承受的范围之内，所以想要购入一套。城南在此次看房者严重不受追捧，只占到13%，中心由于高额的房价让众多购房者望而却步，只有9%的人群勇敢选择。

看房团的此次活动做得很成功，不但调动起购房者对楼盘的兴趣，而且还通过大量的调查，从中得出一些有利的信息，比如说，王小姐是已经看过多处房子，而且心有所属，但还是想多看一看，希望能让自己的婚房一次到位、有高品质。我们可以从买房者的价格心理，窥探房价的行情好坏，也可以从人们对区域选项的青睐，知道买房人选房的倾向。

小区所处的地理位置，也就是平常所说的地段，地段的好坏对房产的售价有着决定性的作用，同时也是物业升值、保值的重要因素。自己居住的房屋，应该主要考虑到方便自己及家庭成员的出行为宜，最好不要向闹市区扎堆，那样既不能提高生活质量，也不经济。一般只要离市中心不是太远，又有好的道路交通网，房价也比较合适就好。当然，一个不容忽视的问题就是居住的环境，由于许多年来，人们一直被禁锢在冰冷的混凝土盒子里，对四周的环境一般不会很挑剔，认为只要小区绿化到位就可以。其实，对于自己将来生活的环境，作为购房者应该认真进行考察，不仅要对绿地覆盖率要求要高，而且还要真正为己所用。另外，还要考察所购买楼房之间的间距、建筑密度、容积率和四周的污染情况，是否远离马路、工厂、大商场、大酒楼等。

要改善住宅内环境，而光、温度、卫生状况，对居住者的身心健康有影响，要保证有大量的阳光通过窗户直射入室，这就需考虑房屋的朝向。在北京地区，接受阳光直射面积最大、时间最长的是正南朝向，南偏东西105度也会使得阳光入室直射，而北偏东、北偏西75度内，阳光直射的可能性就会很小。

住宅要充分考虑到住房的生活规律和家庭结构，使家庭使用功能尽可能细化。理想中的住宅，起居空间由过厅、客厅、起居室、书房、琴房、健身房、卧室、贮藏室、工作室、卫生间、厕所、阳台等组成，按各自功能不同，可以汇总为"洁、污、动、静"四大空间。

买房还要考虑到，在炎热的夏季，房屋是否具有良好的通风，

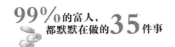

同寒冷季节的是否有温暖的日照一样，显得同样重要。当然还要注意住宅楼是否处在开放的空间，住宅区的楼房布局是否有利于在夏季引进主导风，保证风路畅通。一些多层或板楼，从户型设计看通风情况良好，但由于围合过紧，或是背倚高大建筑物，实际上住在条件会很差。

看房也一定要考察好物业，物业服务的好坏也是影响房屋升值的一个重要因素，物业管理得好，就会给自己以后的生活带来很大的便利，而物业管理得不好，不仅使自己的生活会受影响，或许还会引来大量纠纷。所以要积极向有关人员打听，以了解负责小区服务的物业管理公司的服务质量，最好能查看到他们的实力的文件或资质。当然也可以去物业公司提供服务的其他小区，打听关于他们服务的行为。

在时下的小高层楼房和塔楼中，越来越不能忽视电梯的质量，当电梯事故和故障发生时，不仅会给人们的生活带来不方便，更有甚者会威胁到人们的健康。所以，看房时要仔细察看该楼盘所用的电梯，看它是否有国家颁发的合格证书、电梯的品牌资质等。同时还要查看步行楼梯的宽度是否符合标准，楼道是否直通，发生危险情况时，是否有利于逃生。

越来越多开发商很重视小区内的景观建设，好的景观能达到亲近自己的效果，但如今好多小区的景观像建楼房一样，先平整地皮，再造景观，缺乏"以人为本"的设计理念。这样的景观毫无层次可言，显得很是呆板，一眼就可以看出人工雕琢的痕迹，根本没有亲切的感觉。而且景观方面的投入也是一笔不小的开支，它占用购房者房屋成本的5%左右。

看一个小区成熟与否的标志，就是看小区配套设施是否完善，即小区的市政配套设施、生活配套设施、休息配套设施、交际配套设施及购物条件等。市政配套的管线最好是集中布置，离墙要近，少外露，安全性要好。当然，还要重点对小区的水源是否达标进行考察，此外，小区的学校、会所、超市、健身娱乐等生活配套设施也应考虑周到。

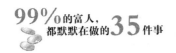

 购屋置产是一种生财之道

当有了一定的经济基础，或许有90%的人会把买房作为考虑的理财目标。买完了第一套住房后，又有了闲钱怎么办？当然会要买第二套房，要么投资商铺。相对于现金、浮动收益的理财产品，房子增值最快，而且是最实实在在的资产，适合人们投资。

2003年到2004年，楼市行情火爆，购房者排长龙抢房子，手上有两三套住房的大有人在。绝大部分人的理财方式倾向于投资房产，可是买房却给人们造成资金封固的尴尬，使得人们有钱买房而无钱继续理财。也就让人们疑惑起来，住宅到底是投资品还是消费品。对于人们困惑的这个问题，应该一分为二地看。从居民和社会两个层面考察，就可以很明了。从居民个人角度讲，住宅是具有投资属性的消费品，而从整个社会看，住宅应该是纯粹的消费品。随着房产市场化，在流通的市场上，房产成为增值最快的商品，自然而然地，房产就成为了人们获取收益的一种理财工具。有时拥有创造财富的能力，要比拥有财富更具有意义，而投资的社会意义在于获得一种财富的创造能力。

对于购房选择，房地产行业流行着：第一是地段，第二是地段，第三还是地段。房地产是由房和地结合的产物，房子在一定时期内建造成本相对固定，一般也不会因为房地产的价格有大幅度波动；而作为不可再生资源的土地，其价格却可以不断地飙升，房地产价格的不断上升，多半是由于地价的上升造成的。在一个城市中，因为好的地段十分有限，升值的潜力巨大。所以，找好地段投资房产，购入价格可能会比较高，但却比其他地方更有升值的潜力，即便将房抛售出去，回报也会很可观。

期房是指尚未竣工验收的房产，期房在香港被称为楼花。开发商可以作为一种融资手段出售期房，以达到提前收回现金的目的。这样可以减少风险，有利于资金流动。所以，地产商在制定价格时，往往会给予一个比较优惠的折扣。一般的折扣幅度为10%，也有的达到20%或更高。而且对期房进行投资，最先买到朝向、楼层等比较好的房子的概率比较高。但投资者对开发商的实务以及楼盘的前景，要有一个正确的判断，毕竟投资期房的风险比较高。

尾房是指在楼盘销售的收尾阶段，剩余的少量楼层、户型、朝向等不是十分理想的房子。当项目到收尾阶段时，开发商已经收回投入的资本，为了尽早地收回资金，更有效地盘活资产，不影响继续开发，就会以低于平常的价格来处理这些尾房。投资尾房好比是在证券市场上投资垃圾股，投资者是以低于平常的价格买入，再在适当的机会以理想的价格售出赚取差价。尾房的投资比较合适那些砍价能力强的投资者。

我国现有的各种政策，如银行给予贷款的额度、限购的出台，使得二手房基本失去了升值的空间，根据国家重点发展中小型城市的情势，抓住这个利好机会，投资那些二线城市的新楼盘。由于开发商基本给予新楼盘的包租，就使得二线城市的经济发展起来时，就让你的本钱回来了，也会使你的房子涨价。在目前新建的一些小区中，其附近都建有沿街的商铺。一般的面积在30~50平米左右，不是很大，比较适合搞个体经营。投资这样的店铺的风险较小，因为在小区内搞经营，可以稳固自己的客户群，不管是租赁经营还是自己经营，都可能产生较好的收益。

广州的张先生虽然只有29岁，却在市中心有4套房产，他始终坚信房子越多就越好。所以，虽然他看到"温州炒房团血本无归"的新闻，但还是要再买一套房子。张先生说，我名下的房子比较多，主要因为我是"独二代"。其实，在广州这样的城市，像张先生这样年纪轻轻就拥有四五套房子的"独二代"为数还不少。

本职是公务员的"业余"炒房者陈先生认为，在市场中心的二手房现在不愁卖，每个星期他几乎都会接到三四个中介打来的电话，希望他能够放盘。温州商人程先生是职业炒房者，他对广州的楼市有相当高的信心，他说，很多朋友在两年前还认为他一直待在广州太保守，而现在大家却都很美慕他独到的眼光。他说，据我所知，凡在广州的温州炒房者都没有抛售的，大家的心态都非常稳定，对广州楼市的信心也十足。

2008年以前，买房是王先生唯一的理财方式，此后曾经炒股和买基金，但觉得还是房子最踏实。虽然股票在半年的时间内有超过50%的收益，但还没等回过神来，又被套了15%。而他在2003年40万买的房子，现在的市值竟超过了240万，仅9年的时间就翻了6倍；2005年23万买的房子，2010年卖了83万，5年增值300%，这就使得王先生无限感慨，当年要是钱多一些，多买两套房，说不准已经跻身于富人行列了。所以，在物价上涨、通货膨胀的情况下，对老百姓来说，最能保值、最不吃亏的就是房子。

几乎所有"多房一族"对房产税、限购、"崩盘"都不会有特别的关注，虽然有多套住房让他们与周围的人打开财富差距，但却没有让他们的心态过分膨胀，还是努力赚钱，老老实实地过自己的日子。唯一不同的是，他们作为房价上涨的受益人，可能会有更多的资本和更强烈的投资房产的愿望。所以，购屋置产在很大程度上经得住通货膨胀、物价上涨的考验，应该是一种很能保值的理财行为。建筑物具有不可移动性，它是一个城市的构成部分，所以客观地要求在城市中要有一个统一的规划和布局。建筑物的密度和高度、城市功能分区、城市的生态环境等都构成外在的制约因素。房地产投资必须要符合土地规划、城市规划、生态环境规划的要求，将微观经济效益、环境效益和宏观经济效益统一起来，只有这样才能取得良好的投资效益。

不动产是房地产投资的对象，而土地及其地上建筑物都具有不可移动性和固定性。不仅土地的位置是固定的，构筑在其范围的建筑物及其附属物一旦形成，也是不可能移动的。这一特点给房地产的需求和供给造成了很大的影响。也使得投资者对房地产的投资更为重要。作为资金高密集的行业，投资一宗房地产，资金少则几百万，多则上亿元，这是由房产本身的特点和经济运行过程决定的。一般开发房地产周期长、环节多、涉及的管理部门及社会各方面的关系也多，就使得房产开发的动作过程中，包括促销费、广告费、公关费都比较高昂，也就在无形中增大了房地产投资的成本。

房地产不像一般商品买卖，可以在短时间内完成交易脱手，它的交易通常需要一个月甚至会更长的时间才能完成。而且其投资成本也相当高，投资者一旦将资金投入房产买卖中，就很难在短期内变现资金，这就使得房地产的资金的灵活性和流动性很低。当然，房产投资也有耐久、保值的优点，房地产商品一旦在房地产管理部门登记产权并入册，就会获取相应产权凭证，得到法律的保护和认可，从而使得它耐久保值性能高于其他投资对象。

房地产中间过程要经过许多环节，从土地所有权的获得、建筑物的建造，一直到建筑物投入使用，到最终收回全部投资资金，要经历一个很漫长的过程。由于市场瞬息万变，而房地产投资占用的资金多，周转期又长，就会使投资的风险因素也会增多。而且房地产资产具有低流动性，不能轻易脱手，如果投资一旦失误，就会使房屋空置，就没法按期收回资金，也就会使企业陷入被动，甚至会因为债息负担沉重而导致破产。

在市场经济条件下，往往投资者面对多种投资机会。虽然各种投资机会极其支出确定相对容易，但是对于未来的收益却很难确定。而且在做出决策之前，投资者往往会发现，诱人的机会总是不止一个，但可利用的资源却很有限，所以，投资者应该对投资的行为有着明确的认识，能承受得住风险。要让资产保持流动性，保持投资组合的平衡性，而且要对来自管理部门的政策有清醒的认识，使得自己最终选择的投资能获得最大效益。

2013年"日光盘"、"地王"等词频频出现，以至于多到让人感到疲惫，但却有不少地方房价惨跌。所以，2013年房地产市场出现了这样的情形，一边是一线城市连续20余月高涨，"地王"迭出频遭哄抢，而另一边却是温州等城市连续26个月下降，房屋空置无人问津。

一套90平方米的住宅，竟在一年内整整涨了200万，谁敢相信这是发生在北京的真实故事。2013年初，李先生在中信城购入一套92平方米的住宅，购入时房价已经比2012年底涨了一次。当时李先生看房的价格是450万，后来暴涨至510万。让人始料未及的是，仅在李先生购入一个月后，房价直线上涨至620万元。李先生购入后，很多中介公司纷纷打来电话，希望他可以转手，而给出的价格竟然高达720万。

而在李先生的房子价格直线上涨的同时，温州的房价却是惨遭腰斩。在几个月以前，国家统计局公布全国70个城市房价，一线城市房价同比涨幅全面超过20％，而温州一路下跌。曾经"只涨不跌"的温州房地产，一时间成为"腰斩"、"缩水一半"的代名词。温州市正合房产营销公司董事长陈鸿对此分析称，温州此番房地产市场跟风降价的主要原因，是房东和开发商普遍存在"逃跑心理"。由于受债务危机的影响，谁也不敢再提价，能将房子尽快脱手，希望尽快逃跑抽身。

必须要认识到，债务危机可能只是一方面的原因，除温州外，鄂尔多斯、东营、铁岭、常州等地，也纷纷曝出房价大幅下跌，甚至"鬼城"、"空城"频现。所以，虽然购屋置产是一种保值的理财手段，但当市场趋于饱和，或是受到其他一些不稳定因素影响，也同样面临着很大的风险。所以，在进行投资时，一定要预测风险的长期性，以免被套住。

普通人如何投入房产呢？"复利的力量比原子弹大"是爱因斯坦的名言，而我们需要的具备的就是这种利滚利的观点。不过，如果缺少基数，力量再多也没用。所以，对于刚出社会的人来说，应该先想办法存钱，只有手里有了比较充裕的资金，才会增加致富的机会。资本都是辛苦点滴存起来的，经历了从无到有是很困难的过程。当你有了丰厚的资本，借鉴那些成功人的经验，选择合适自己的投资渠道，就能实现钱滚钱、利滚利。

在一般人的眼里，豪宅的主人会非常富有，根本无须向银行贷款，买房子时也会一次性付清款项。然而事实上，有钱人为寻求获得更多的机会，会利用银行的钱来投资不动产。凭借自己和银行多年往来的信用，运用财务的杠杆作用，买不动产时会尽量向银行贷到较高的数额，并谈到最低的利率。相反，普通人只会努力存线，总是想着存够钱后再去看房，然后再挑选一个自己买得起的房子。所以，当自己的力量不具备买一幢房子时，就会考虑到贷款的压力很沉重，害怕以后还不起钱，结果犹豫再三，还是没有买。但是，有钱人会随时去看房，遇到喜欢的房子，则请银行先估价，在贷款高一点，利率低一点的情况下，算好财务规划，最终毫不迟疑地买进。

普通人向银行申请房贷，尽量选择本息还款，希望越早还清房贷越好。而有钱人却喜欢跟银行借款，通过借钱按时还款来培养自己的信用。尤其在利率低的情况下，投资者喜欢动用宽限期，为了使资金做更有效的利用，就会先还利而不还本金，或是等宽限期一过，要开始本息并还时，就会把房子出售，从而赚去差额资金。

想靠房市置产致富，资金、机会、人脉是板凳的三只脚，缺一不可。

依托房产中介，搜集可靠的信息

作为一种信息密型的产业，房产中介机构是以信息的准确性、时效性以及畅通性，来从事经营活动的。房地产咨询、估价，要涉及大量数据，但是，目前在计算机技术普遍推广的形势下，信息的查询、配对也变得更加迅捷、方便。所以，想要做好房产投资，应该借助中介机构的力量，和他们搞好关系，随时获得可靠的信息。

互联网成本的降低和计算机技术的普及，再加上信息产品越来越快地进入到家庭中，就使得信息的主要承接内容成为物业买卖信息，入网中的各中介行业将会更有效地利用网络发布楼盘信息。可以让买方不仅通过网络寻找中意的楼盘，还能在网上看到图片、物业实景等资料，甚至还能对物业进行比较。帮买房人登记房源信息，并进行发布、宣传，并保证房源真实有效是房产中介的主要职责，它通过采用管理软件，为客户提供多途径快速的服务，甚至是跨区域的服务，并对房源快速查询等提高管理效率，从而提高成功率。对计算机管理技术的大量运用能够更准确、更快地掌握客户信息和房屋信息，而且高科技的有效利用，就能让房产机构建立自己的竞争优势。它的主要收

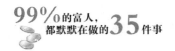

入来源是帮买房人寻找推荐合适、理想的房源，并带领买房人实地看房，对其加以引导，促成成交后就能收到服务佣金。

在开发商与购房者之间，房产机构是以第三者的身份参与到他们之间的，买卖进行到双方议价时，很容易发生争论，房产中介通过掌握尺度对他们的关系进行协调。多数买方都没有足够的法律常识和购买经验，通过房产中介机构的协助，就能让双方减少法律纠纷，避免被诈骗。房产中介机构信息集中、接触面广，就使得买卖双方将自己的信息汇集到中介公司的信息中，通过房产机构买方可以更容易找到适合自己的需求。

之所以许多中介喜欢与炒房者打交道，就是因为这些人的目标很明确，就是要求成本要漂亮、地段要好、有值得升值的未来潜力。由于炒房者对价位与市场的脉动有一定程度的掌握，并有自己的认识，所以就能在第一时间内知道什么价位可能买，并通过看清产品的表象，发现真正具有增值条件的地段。即使有些房子破破烂烂，但却是很有潜力的地段，应该就有出手的时机。在别人一直担心时，反而能买到好的房产，这些一般人无法在短时间内拥有的眼光，依靠的只是实践经验。

这就要求我们不光要积累财力，更应该积累自己对房地产市场的敏感度。好的入门就应该多看房，每多看一间房就能多一次经验。经过不断地对市场的现象、市场的变化以及市场的未来进行觉察，形成一套自己的看法，就不会跟着媒体的风吹草动而变成墙头草，也不会人云亦云。所以，一定要多从市场中积累经验，有自己独特的看法，才能够获得资深房产中介人员的尊重与信任，抓住买房子的最好机会。市场的广阔大的让人看不到边际，如果你只是无目的地看房，或去认识那些房产中介，然后再找出值得信任的信也息，太费力也太浪费时间。倒不如逆向思考，让那些信誉好、有底子的房产中介自己靠过来。所以，一定要用心地去积累经验，不要不懂装懂，直接问、多请教，每一次看房，都要敦促自己学到至少一样东西，经过长时间的磨练，就能培养自己独到的眼光。

在与房产中介进行交往的过程中，心中要始终有一把尺子，要本着"需求第一，交情其次"的理念，你所做的一切，是否以满足于你买房和卖房为主。毕竟你与房产的交易才是最终的目的。所以，你在与房产中介交往的关系中，利益永远大于人情。虽然有些房产中介对客户称兄道弟，让客户相信他们是最真诚的，给的价钱最公道，但结果其提出的价格却等同于市场价，更有甚者会高于市场价，这样你就无法赚到钱。房产中介喜欢与炒房者打交道的另一个原因，就是一旦炒房者确认房产符合目标需求，很快就会做出买或不买的决定，不浪费一分一秒，同样也不会浪费房产中介人的时间，他们就可以有更多的时间和精力做其他事，当有了新的房产时，又会再介绍给炒房者，能给双方一个好的循环。所以说，我们要把握好"时间就是金钱"的原则。

对于买房者来说，好的循环就是房产中介者得到每一次第一手资讯时，都会先找到你，并把讯息报给你。取得这样的好效果，应该是以第一次互动为基础的。只有给双方都留下美好的印象，有一才会有二。而且买房不像买菜那样，是每天都发生的事情。如果你只是自住客，除非中介觉得你还会有买房的需求，否则他们不会把自住客列为信息的第一批流动对象。房产中介并不会从表象中看你是否是有钱人，真正值得开展关系、有实力、互动性强的房产中介人员，所注重的是你是否懂得房市的运作逻辑，他们是否值得花钱与你打交道，以及有什么样的附加值。如果你能给他们带来更多的

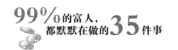

商业机会，他们就很乐意与你维护良好的互动关系。当然，除了与房产中介搞好关系外，还需要还需要勤阅报章杂志，通过获得有效的资讯，来培养独立思考的能力，不做随风摇动的墙头草。关注相关买房政策、贷款政策、市政规划，比如说现行的房地产限购政策中，自己是否属于被限购的人群，针对首次置业可以享受怎样的政策优惠和贷款优惠，婚前购房的房产归属问题，相关区域的地铁、道路规划等。

2013年，以"三媒一体"（报纸、网络、手机报）资源高效互动的"买房网"全面上线，致力成为广大网友购房置业的"智囊团"。

买房网是燕赵都市网房产家居频道的升级版，系《燕赵都市报》旗下的专业房地产门户网站。它立足于石家庄，辐射全河北。从政府宏观调控到房产市场变革，从独家买房优惠信息到楼盘精彩活动，从最新的楼市政策、土地规划到项目动态，购房者可以通过买房网得到更新、更快、更全的买房资讯。在弹指之间轻松置业。对于网站的所有会员，买房网都会致力于提供一条龙免费服务，这赢得了众多购房者的欢迎。

作为买房网的重要组成部分，《买房快讯》短信杂志，于2013年2月1日正式推出，即日起所有读者和网友可以免费订阅。需要特别注意的是，它将给所有会员提供多重惊喜，除了价格还有更多实惠，这些信息都将会通过手机短信杂志的形式，第一时间发送到购房者手中。构建了报纸+网络+手机报+线上线下互动活动的模式，多位组合的买房网媒体集群正式完成，将给购房者提供最全面的服务。

要学习一些比如容积率、绿化率、板楼、"五证"、"两书"塔楼等基础知识，以保证自己在购房过程中不被忽悠。人们买房时都比较注重价格、信息，多收集售房源的信息，能对行情多做些了解，按照价格、区域、交通便利度、周边配套等标准，做个简单的标签，便于以后对其进行筛选。大宗买卖就是一个"稳"字，美誉度高的开发商无疑是买房的定心丸，多听听有信用的开发商的市场评价，才会在心里有底，不至于像无头苍蝇。

多收集一些优惠的信息，有优惠总比没有好，买房时也会帮你省下不少的钱。广告是开发商最主要的宣传方式，所以，对各种传播媒体如电视、报纸、广播、DM、户外广告等也要多阅读。对楼盘的展示最集中的是各种房展会，通过参加房产展会，购房者可以获得大量信息，也可以面对面直接咨询，了解房源的详细信息资料。购房者也可以委托经济人为自己提供和选择满意的信息，以作购房时的参考。

2014年南宁房地产博览会如期举行，大多数想买房的小伙伴到来，使现场人气爆棚，他们对楼盘有自己的见解，对买房也有一些自己的看法。梁女士心中理想的价位在7000元左右。在现场，梁阿姨带着小孩认真的研究某楼盘信息。梁女士感叹地说，第一次参加房博会，今天来随便逛逛，看看有没有合适价位的房子。想在南宁五象广场买一套6000～7000元/平方米的房子，但这个价位的楼盘在琅东基本找不到。

组织人员就建议梁女士，虽然6000～7000元每平方米的房子在五象广场找不到，但是在其他城区像兴宁区、西乡塘、邕宁区、江南区，还是有较多好位置且价位在6000～7000元每平方米的楼盘，虽然梁阿姨对位置不是很中意，但这是交通发达的年代，这些区域的交通也很便捷，对梁阿姨有着很大吸引力。

在房博会上，老家在桂林的陈女士主，想要给儿子媳妇儿买房，所以到房博会上收集信息做个参考，虽然已有合适的楼盘，但还在对比观望中。陈女士对组织者说，因为自己的自建房就是在五象广场附近，希望儿子和媳妇儿的房子，也距离自己近一些，在这边住习惯了，对周边的环境也比较熟悉。户型、小区环境和小区的配套。我看有些楼盘的户型不是很好，心目中理想户型是以三居为主，能够在90～100平米左右。

从第一天到最后一天，人流基本没断过，使得房博会人气很旺。不管是登记还是领取礼品；看房牌穿梭不断，甚至有些展位前排成长队，但是真正想现场买房的人来相对较少，第一次参展的黄女士说，真正买房还是要走进售楼中心去。房价如果再降一点就好了，目前想在江南区买房，江南房价大多在5000～6000元每平方米左右，看到有一个楼盘登的广告就过来了，但是到了现场，她发现根本没有办法与置业顾问进行正常的交流，也没有发现所谓的3999每平方米的房子，第一次来房博会，收获甚微，不得不说很失望。

人们总是能够通过多种渠道收集到信息，在互联网成为主流的今天，传统媒体正被网络逐步所代替，成为消费者获取资讯的最主要渠道。房地产媒体网站总会汇集着最全的产品资讯，并且通过提供"条件搜索"、"模糊搜索"等搜索功能，可以更快捷地帮助购房者找到满足需求的信息。另外，网上看房产品逐渐推广，如新浪乐居网的楼盘地图、网上售楼处等，就可以足不出户、身临其境地了解售楼信息，甚至与售楼人员通过视频交流，及时了解一些资讯，将信息检索功能延伸到中期的选房过程，极大地提高了选房效率。

　　房地产网站作为新兴的传播媒介，能为购房者提供更为详细和快捷的查询服务和房源信息。并能通过已购房或是从事房地产专业工作的亲友了解房源信息。相关售楼处一般会以醒目的标识表明售楼的位置，在特定区域进行选购，就可以亲临该区域。不过，网站上的大部分信息，都是经过一定的包装和美化才发布的，所以，在搜集各种信息后，还要认真进行比较、分析，去伪存真，争取选购到优质房产。

第七章

生活习惯，助推财富不断增长

决定你是穷人还是富人，在于你是否有好的生活习惯。同样的时间，穷人会庸庸碌碌，视时间如粪土，而富人会珍惜每一分钟，让资本源源不断地流入；同样的困难，穷人会一味地抱怨，停滞不前，而富人会转变思路，创新思维，解决问题，最终获得成功；同样的资产，穷人会尽情消费，体验消费带来的满足感，而富人会用来投资，一本万利。由此可见，富人和穷人的区别，在于是否有个好的生活习惯，当一个人有了好习惯，就会助推财富不断增长。

每天规律性地早起

　　"早起的鸟儿有虫吃"，这是西方的一句谚语，它向人们展现的信息是：做事要勤奋，只有勤奋、努力，才能取得更好的成果。而勤奋并不是一朝一夕的事，需要长期不断地坚持，在不断地坚持中，形成一个良好的习惯后，也许就是你迈向成功的通道。

　　在生活中，学习、劳动、工作应该有规律，早晚坚持健康活动。首先起床和入睡也应该有规律，作为成年人，最好每天保证6～8小时的睡眠。一日三餐要定时，每顿饭量要掌握在临近下一餐时腹中略有饥饿为宜，也不要偏食，讲究饮食卫生，每天饮水6～8杯。要在每天大致固定的时间排便，可以减少毒性物质和残渣对大肠的刺激，以保持腹内舒适。虽然不强求午休，但最好能平躺一会儿，以减轻心脏的负担。为消除疲劳、增进文化情趣，每天都要有放松和娱乐的时间，不要暴躁，保持情绪的稳定，始终保持着乐观向上积极的心态，并合理利用双休日，从事社会联谊或健身活动。

　　长期忙于工作的人，他们大脑里始终绷着一根弦，生活基本没有什么规律，似乎只是为赚钱而活。于是，他们每天都不按时吃饭、不按时休息，如机器般地没完没了的工作。饿一顿、饱一餐，时间长了就会导致肠胃失调。就拿磨盘来说，如果磨盘里什么东西也没有，当然会导致磨盘损坏。人的胃也是如此，它总是在蠕动着，如果里面没有粮食，就会对胃造成损伤。所以，那些不按时就餐的人，先会导致肠胃失调，从而无法满足人所需要的基本营养，必然会引发各种疾病。而如果一个人长期睡眠不足，就会使神经一直处于高度紧张的状态，神经好比是弹簧，如果总是绷着，到达一定的极限，再想恢复到原来的状态，就很不容易了。所以，一定要按时休息，缓解缓解疲劳的神经。

有规律的生活就像有节奏的音乐一样。音乐有节奏，跳舞、奏乐都能合着节拍，使人身心愉悦。如果吃饭、睡觉、工作能按着固定的时间，能踩着节拍生活，遵行科学的方法，就会变得有规律，让人身心愉悦，体能会得到恢复，心智也更能得到开发，也不会使生物钟紊乱。如果能从自己生活的范围内找到生活的规律，让自己每天做着简单的动作，有助于养成好的规律。所以，要在生活中找到属于适合自己的作息，任何一件事情，在你决定每天贯彻实行那件事后，不断重复三十次，就能养成一种好的习惯，经过反复对自己的提醒，就能更有效地激励自己，加速养成好的习惯。

凌晨3点，笼罩着黑幕的大地仍然好梦正酣，除远处传来的几声蛙鸣，四下悄无人声，但在这时，与数年来的每个寻常日子一样，薇阁精品旅馆（台湾汽车旅馆）董事长许调谋已经准备起床，他早已形成习惯，不用闹钟，也能在凌晨三点的清冷空气中自然醒来。

53岁的许调谋笑着说："从小我们家就是晚上9点睡觉，凌晨3点起床，所以我自然就养成早睡早起的作息。我太太刚嫁给我时不习惯，还觉得这个家真是太怪了。

有趣的是，进入职场后，许调谋的弟妹们都改了作息，只有他仍然坚持着。许调谋曾经任过房产中介的业务员，后来开了康固力与鼎固力建设公司，接着又创立了薇阁精品旅馆，成为身兼多家公司的董事长。很早就跨入应酬繁多的建筑界，照理说晚上的交际应该多到满出来，但由于他每天9点睡觉，只要这些活动与自己的作息相违背，他就会统统推掉。

知道许调谋有这样的习惯，下属不敢帮他排晚上的行程。就算是天王老子要见他，恐怕也会吃闭门羹。薇阁董事长特别助理徐际民经常帮许调谋安排行程，据他的计算，超过晚上9点许调谋还在应酬的次数，可能一年不超过两次。不仅如此，由于太早起床，许调谋每天都要在中午睡半小时补补觉，每次出国考察，也得再三确认是否在中午有地方打盹。

"早晨是我一天中最快乐的时光，这时候特别能感受到平静与幸福。"喜欢在清晨中独处的许调谋，一语道出为何他总是早睡早起。他不仅心境从容，而且会抓紧每一分钟，丝毫不浪费时间。每天早晨，他第一件事就是打开电脑收邮件，批阅同仁的工作规划书。清晨在书屋里待3个小时，除了工作，他把更多的时间用在阅读，以及阅读心得的归档整理。

清晨有更安静、更理性的时间，让人们更有效率地做好自己的事。就像文中许调谋说的那样，早晨是他一天中最快乐的时间，这时特别能感受到平静与幸福，而当他工作到七八点时，别人才刚起床，这时工作已经完成一大半，这样能不成功吗？

我们的时间往往不是一小时一小时浪费掉，而是一分钟一秒钟地溜走。随着社会的进步，人类对时间的意识和控制逐渐加强，计量时间的单位由时、刻、分、秒逐步精确到毫秒、微秒、毫微秒、微微秒。对时间计算越精细，事情就会做得越完美。

古往今来，一切有成就的学问家，都善于利用零碎时间。东汉学者董遇，虽然幼时失去双亲，但他好学不倦，并利用一切可以利用的时间。他曾经说："我是利用'三余'来学习的，'三余'即'冬者岁之余，夜者日之余，阴雨者晴之余'。"也就是说在冬闲、晚上、阴雨没法出劳作，他就用来学习，经过日积月累，最终有所成就。每个人都要做自己的时间管理者，要知道，购买时间无门，挽留时间无术。当然，只知惜时而不懂利用也不行，唯一的办法就是驾驭好时间，要管理时间，做时间的主人，全面统筹安排好人生各个阶段。

孔子早在两千多年前就说过，吾十有五而志于学，三十而立，四十而不惑，五十知天命，六十而顺，七十而从心所欲，不逾矩。也就是说，从十五岁开始，人应该立志发奋学习，三十开始创立事业，四十岁时候就不会为纷繁复杂的社会现象所迷惑，五十岁已懂得自然规律，六十岁能对不同的意见进行采纳，七十岁时处理起问题就能得心应手，不出差错。

孔子这段话，其实就是人生大体的规划。我们也要把一生的时间当作一个整体运用，围绕人的不同生命阶段，对自己进行设计和管理。要确信你每天或每星期计划和计划外的活动都被列入时间日程，就要求自己每天至少花几分钟，写出一天或一星期要完成的重要任务，设立一个时间体系，确保你能够容易找出需要做的事情。如果有必要，可以重新进行时间安排，仔细考虑需要完成的目标和期限，在准确估量眼前的任务之前，不要轻易做出承诺，应对自己的能力有所认识，评估是否需要借助其他人来达到目标或是完成任务。

　　刘伟以前是一个街头小混混，但他后来却转变成一位经营着几家公司的老板。刘伟的成功让许多人很好奇，但刘伟自己却时常说，他的成功是必然的。

　　以前刘伟对时间没有什么概念，初中毕业后，他就没有再跨入学校的大门，用刘伟当时的话说，上完大学，各个变呆瓜，还不如不上呢！由于他一直就是一个特例独行的人，面对刘伟决绝的样子，爸妈没再说什么，他对家人的话向来也只是表面上的服从，但还是按照自己的意思去做事，所以，他的爸妈就不想再浪费口舌。当时的刘伟整天街上转悠着，不久和同街道上的小混混结识，并且结拜成兄弟。从此以后，他也成了街上的小混混之一。不过，不同于其他人的是，刘伟的本质很好，从来不做损害别人利益的事，而且还会帮助那些受欺负的人。

　　直到刘伟的母亲因为病重没钱看病而离世，给了他很大的打击，他才知道自己不能再这样混日子。他必须要照顾好年迈的父亲，可是刘伟那时却不知道自己该怎么做，便去请教寺院里的大师，大师只和他说了一句话："时间是一切，利用时间，利用零碎的时间。"听了这句话，刘伟听懂了大师的意思，稍作思索便点头离开了。

　　回到家后，刘伟利用自己所有的时间开始自学，上街买菜时、帮爸爸捶腿时、坐车回家时、甚至睡觉之前，利用自己能抓到的时间，刘伟总是拼命复习功课。当他进入学习状态时，才意识到以前竟把所有的时间都浪费掉，对自己是多么残忍！不过他也庆幸还没有把时间一直浪费下去，做了一回回头浪子。后来，刘伟通过自学，参加了大学考试，并考出了优异的成绩，毕业后，成功找到一家待遇很好的企业。

　　在企业上班期间，由于刘伟自学时养成的习惯，总是喜欢把所有的零碎时间利用起来，而且这个习惯，也让他很快熟悉了公司的全部流程，在公司做完一年的工作，他毅然决定辞职，并成就了他现在的事业。

从这个案例中可以看到，刘伟从小浪费了很多本该用来学些的时间，后来自学期间，如果他一直采用一般的学习方法，即使他再努力，也很难有现在的成功。而当他学会了从牙缝里挤时间后，把零碎的时间充分地利用起来，就发挥了很大的成效。也正是利用了这种挤时间的方法，为自己博得了很大的成功，所以，他才会自信地说，自己的成功不是偶然。

时间就是这样的，在你幡然醒悟时，懂得了珍惜，成功依然会光顾你，它只厌弃那些不懂得珍惜时间的人，当人们懂得利用时间后，它仍然会以宽容的姿态顺手拉一把。把零碎的时间利用起来，做一些有意义的事情，就会发现得到的快乐越来越多，内心的不安也会随之减少。学会将零碎的时间集中利用起来，不管在学习还是工作中，你都会提高相当高的效率。利用滴水穿石的耐力，来打造积少成多的拼力，一直这样坚持下去，成功水到渠成。

时间是一切事情的延续，也是生活和工作的有力保障，任何时候都没有绝对的事，只要学会有效地积累时间，成功就一定会青睐你。每个整合的时间都是由零碎组成的，如果缺少零碎的时间，也就不存在完整的时间。永远都不要说自己没有时间，要善于发现和利用别人不在意的时间，只要你有一双善于发现时间的眼睛，相信时间总会围绕在你的周围。珍惜好你的零碎时间，成功就很难舍你而去。如果没有时间概念，就会让所有的事情失去意义。而当人们懂得完全利用好时间后，即使再没有意义的事，也会变得有意义。

224

人们出生时就已经注定时间是由块形成的，所以，每个人的时间都是零散的。当时间成为一整块时，那应该是"永不瞑目"。之所以世界上只有极少数的人是富人，就是穷人有思想的局限性，他们没有零碎时间的概念，不知道合理利用时间是怎么回事。而富人却习惯于经常性的思考，因为他们知道时间就是金钱的道理，就会去好好利用。不管是吃饭还是休息，甚至上洗手间时，他们也是一定在不停转动着思维。他们学会将零碎的时间集中利用起来，帮他们完成很多事，这样的效果比集中精力时做得更好。

每天有固定记账的习惯

> 不管是家庭还是个人，都应该养成记账的好习惯，记账是理财的一个关键因素，如果能在平时保持记账的习惯，就可以减少在消费上的失误，进行记账可以提供一个消费放回的机会。记账看似琐碎，却是对理财大有益的好习惯。它可以帮你节省下每月不少的开销，让你把钱投入到未来的幸福。

靠记账成为富翁，听起来像是天方夜谭，不过这可是美国石油大王洛克菲勒家庭富足六代的诀窍。洛克菲勒不仅自己从年轻时就开始记账，即使身家财富达数亿美元，他们仍然要求孩子每天睡觉前，必须详细记录所有花费。记账这门功夫，可以说是洛克菲勒对于子孙的理财教育第一课。美国全球类广播联播网"赚钱之道"主持人吉姆·克瑞莫曾说，贪婪与恐惧都会鼓励你去存钱，不管是培养对钱的贪婪，或是害怕失去钱的恐惧。吉姆的本意就是，你必须开始对自己的钱有兴趣，记账是能帮助你了解自己金钱的方法。

虽然养成好的习惯会是个痛苦的过程，但却是一个让你一辈子受益的习惯。记账总会让你发现自己是不是花掉了不该花的钱，还可以让你知道每个月手头的钱流向了哪里，使它们不至于流失于无形，甚至还可以让你认识那个镜子里没有的自己。记账并不是一个简单的记录，重要在于它的庞杂的细碎中，为你找到理性分析金钱出入的线索，并客观地平衡自己的财务状况。理财最重要的一步是从记账开始，记账也是你迈向理财的第一步。每天进行记账，把自己的收入、支出、投资、交易清晰地记录下来，做好家庭财务表，就可以让你的家庭财务状况数字化、表格化，不仅可轻松得知财富状况，更为未来做好良好的财务规划打下基础。

记账最重要是让你清楚地记录钱的来去流向、资产财富状态，发现自己支出是否合乎理性，财务规划执行的状态，如何改进自己的消费习惯，提升投资收益水平等。由于每个人的生活资源是有限的，每一方面的需求都需要给予适当的满足，从平日养成的良好的记账习惯，就能清楚得知每一项目的花费是多少，以及这些需求是否得到适当满足。因为记账是烦琐的，可能在记了一段时间后就想着放弃，但可以从另外一个角度看，我们每天工作基本上都是为了挣钱而工作，我们为什么不花十五分钟来管理自己的钱呢？不仅要会挣钱，还要会管钱，要培养记账的好习惯。当养成了记账的好习惯后，就会很快速地到达财富自由的彼岸。

美国理财专家柯特·康宁汉有句名言，不能养成良好的理财习惯，即使拥有博士学位，也难以摆脱贫穷。毕竟并不是每个人的记忆力都那么厉害，把什么事都记得那么清楚。有时候自己买了什么东西，往往一时都想不起来，而记账就方便查找，有一些人收入还算不错，但是经济上却很紧张；有一些人会抱怨，自己月收入5000元，然后却不知道钱花到什么地方；有一些人，动不动就把钱花光了，就是不明白是怎么花的。对于大部分80后"月光族"来说，大部分处于工作初期，银行存款尚显薄弱，所以，首先要节省日常开支，控制自己无端的消费欲望，最有效的办法就是养成记账的习惯。

有些专家给出建议，在日常的生活中要开源节流，养成记账的好习惯。夫妻两个可以将每天家庭的消费金额，通过简单的账本形式记录下来，这样每月下来，哪些是固定的支出，哪是弹性消费支出，便能一目了然。于是，可以针对性地压缩弹性消费支出，节省不必要的开支，积攒积蓄。

在外企工作的黄女士，一开始瞧不起记账，她总觉得那只是记小钱、弄小钱、操小钱，是小心眼的表现。她个人收入不菲，但从来不记账，反而觉得是一种洒脱。随着岁月的积累，她才发现事情并不是这样，而且她发现，身边不少女性朋友都在记账，而且个个目标明确，这才让她觉得记账并不等于"斤斤计较"，而是一种理财之道。

在朋友的影响下，黄女士也开始记账，当她记了半年以上的账后，竟发现对家庭情况进行全面的整理后，以前筹划的"五年中存足孩子教育经费"、"十年把房子的贷款完结"这些目标还有多远，心里很清楚。根据情况，她把每个月的财务安排做出相应的调整，这样就可以做一重新合理地分配有限的资源，不偏不倚，平衡有度。不会偏离既定的目标。久而久之，黄女士发现，在生活上很轻松，不再像以前那样不成熟，也知道自己想要什么。

曾经有一位叫菲碧月亮的网友说："以前我并没有记账的习惯，家里的钱是怎么花出去的，从来就是一笔糊涂账，反正每个月的工资奖金等全部到账后，就一直留在工资卡里，用时或取现金或刷卡，谁有需要谁就花，好在现在的收入已经足够我家一个月的开销，至于能剩下多少以及剩下的钱，要怎么样投资或管理，自己没有什么计划，最多是看到账户上的钱积攒到一定数目后，去办个定存，但收入又很低。

"后来，我开始养成了记账的习惯，真是不记不知道，一记吓一跳，原来每天看似不起眼的花费，积累起来就是不小的一笔钱。过去总认为柴米油盐酱茶以及日常用品的开销总是有限的，所以，进超市和农贸市场买东西总是非常随意，看到需要就随手购买，从来不会过多考虑或者有什么舍不得的感觉，也经常出现买多了坏掉或过期导致的浪费。

"而买一些其他东西诸如衣物鞋帽、床上用品、家用小电器和其他用品时，就会反复掂量，经常是犹豫再三做出放弃购买决定。然而，记账后我开始改变了，首先是进超市的次数更多而每次买的东西少了，这里有两个原因，一是由于自己要记账，总希望写到账本上的花费越少越好，而且即使在超市里也要掂量掂量，会有舍不得花的感觉了；二来超市经常有促销活动，如果不是急用的东西，心里总也想着等超市有活动时再买。这样不过几个月的时间，我感觉比以前省钱，至少不再有买东西浪费掉的问题。"

家庭事务大部分都是一些零零碎碎的小事情，特别是家庭开支都很细碎，如果采用流水账的方式记账，就会复杂、枯燥、看不清，工作量也大，所以应该彻底改良一下，保证自己记出效果来，最好采用家庭理财软件来记账，很多软件都免费提供，可以让你记起账来得心应手。家庭记账中最大的门道，还在于将每月收入进行细化分类。当然，在五花八门的记账技巧中，一定要坚持，生活是一个进行时，记账行为不能半途而废，只有有意志力才能把账记好，并能以最好的效果服务于理财。

随着人们教育、医疗等支出压力的增大，以及股票、房产价格的暴涨，人们日益认识到，光靠工资收入很难过上高品质的生活，理财成为人们分享经济增长，提高家庭收入的重要手段，基金、股票就像潮水般涌进人们的生活，不过，生活需要"开源节流"，怎样把花销控制在最合理的水平，其实也是理财学堂中很重要的一部分。坚持家庭记账，可以让我们掌握自己的支出情况，帮助我们控制支出、精明消费，提高我们的收支结余，为我们投资理财提供足够的资金。

集中凭证单据是记账的第一个步骤，应该养成保存各种单据的习惯，将购货小票、发票、银行扣缴单据、借贷收据、刷卡签单及存、提款单据等，放在固定地点保存。每次记账时，把各种票据拿出来，时间、金额、品名等项目就会一清二楚，虽然这种习惯看起来麻烦，其实比票据乱丢好，收集票据养成习惯后，就让生活变得井井有条。

一些刚成家或刚刚开始记账的人，不知道该记哪些内容，有的则没有归类，纯粹是"流水账"一本，这样的记账用途不大。记录内容应该使家中的收支一目了然，易于分析，还要分别类进行记账。一般来讲，家庭记账中，应该把收入分为四个板块：工资（包括全家的基本工资、各种补贴等），一般是指具有固定性的收入；奖金，此项收入一般在家庭中变动性较大；利息及投资收益（家庭到期的存款所得利息、股息、基金分红，股票买卖收益等）；以及其他的收入，这项属于数目不大，偶然性的收入。

不妨把支出也设为四个明细项目：生活费（包括家庭的柴米油盐及房租、物业费、水电费、电话费等日常费用）；衣着（家庭购买的服务或购买面料及加工费用）；储蓄（收支结余中用于增加存款、购买基金、股票的部分）。其他（反映家庭生活中不很必要、不经常性的消费等）。当然，不同的家庭，可以根据实际情况对项目作相应调整，如增设"医疗费"、赡养父母、"智力投资"等。

要对每月收支情况进行分析，制订下一个月的支出预算。支出预算可以分成可控制预算和不可控制预算，像房租、公用事业费用、房贷利息等，都属于不可控制预算。每月的家用、交际、交通等费用则是可控的。对于这些可控支出好好筹划，是控制支出的关键。通过预算还可以预知闲置款规模，在进行投资，如购买股票、基金、国债时，容易决定购买的总额，并保证所投资的资金不会因为需要支付生活支出而抽取出来，损害收益率。

记账方面或许不要做得太具体，但是起码要做到大概。比如，买了一个苹果花了2元，一块西瓜1元等，我们可以不需要这样具体，但下午出去花了多少钱，要有一个总数目，买一个苹果，可以不用记上苹果，但是购买大件东西，一定要有记录。总之，学会理财就要学会记账。只要把这些环节做好之后，就可以更好地理财，同时也有利于自己的理性消费。

只要固定时间检视自己的账本，就能清楚掌握自己的每一笔支出用途，进而制作属于自己的开支预算表，再从计划中倒推，看看自己下个月应该可以省下多少钱，开销部分是否可以再节省，进而达到钱用在刀口上的目的。通过记账，你还可以知道自己的消费倾向，培养自己对金钱的概念，清楚什么是需要，什么又是不应该。一般人常会被自己的欲望所迷惑，例如进入大的商场，因为单一商品的数量愈多愈划算而刷卡买下，但往往因数量过多无法使用完毕，过期丢弃，又显得浪费。此外，商店常常推出的加购价活动，也常常引导消费者想购买。

为避免此种情形，记账时可以归纳出自己的需要，提前规划出下个月需要买的物品。理财专家曾说过，理财重点不在于赚很多钱，而是要懂得分配钱，这是为让所有支出都在能力范围内。记账在帮助自己了解金钱的流向后，就可进一步规划资产配置，若加上自己短、中、长期理财目标，就可以算出每月合理的投资、储蓄金额比重，一步一步，稳扎稳打。

想要维持记账的好习惯，前提是要了解自己的个性，个性属于健忘又容易放弃者，建议不要给自己太大的压力，且可以放松自己记账的门槛，若个性属于谨慎者，通常只要使用到适合自己的记账工具，就可以持续下去。记账是理财中不可少的例行公事，但只要是人，就难免会觉得无聊或出现怠惰的情形，这时不妨帮自己设立一个奖励办法，例如七天内完整达到记账目标，可以犒赏自己喝一杯较高级的咖啡等，如此一来，记账不仅不痛苦，还有完成目标的成就感，何乐而不为呢？

尝试多种路线上下班

> 虽然很多地方都可以找到灵感，但因为隐藏在过于熟悉的日常生活中而难以被发现，所以去尝试着选择不同的路线上下班，就会给自己带来一些新的变化，借由全新的经验，让自己拥有新的视野，为自己寻得一些灵感。

哈佛大学曾经对史蒂夫·乔布斯等创意型企业家进行分析，研究结果显示，从创意型企业家身上，我们可以找到许多与一般企业家不同的特质，他们总是不安于现状，经常在寻找新的可能性。而他们也会将比一般企业家多50%以上的时间，投注在发现新事物的活动上。他们还会借助各种实验不断经历新体验，探索新的世界，同时也会与各种不同的人交流，不停地试图从他们那里得到新观点。在这个当过程中，创意型企业家会收集各种资讯，开发出属于自己的洞察力，而且在最后发现新事物时，还会像完成心愿的小孩一样高兴地欢呼。

我们中间的大部分人，都不喜欢脱离自己常走的路线，因为那条路线最方便，而且也是我们经过几次试错后所找出的最快捷的路线。这是和方法有关联，人们在读书或工作中都会表现出类似的情况，也就是不管什么事，都只想依照平常的方式去处理。可是这种因循守旧的思想，会使人付出代价，因为你寻找新事物的眼光，将受限制于安逸的心态，而且对于变化开始产生的抗拒，最后落入到观点陈腐或老旧的陷阱里。

改变上线班路线之类的小事，不仅可以引发追求变化的本能，还可以让人维持敏锐的感觉，平常投资几分钟，足可以让你找出一条新的路，给自己一个新的机会，小小的尝试会带来更新的挑战，也会带来更多的机遇。

张先生每周至少找一天利用不同的路线上下班，那一天他会比平常更早地出门，一是怕迟到，二是希望能有更充裕的时间去发掘新事物。基本上他会试着开发出到地铁的新路线，如果时间还早，他也会绕路走相反的方向，甚至随兴提早一站下车步行。

他一边走一边环顾四周，不管是人行道上的工程，还是商店的独特招牌，他都会仔细观察，要是看到什么新奇的事物，就马上用手机拍下来，当他看着街道上的某些陌生景象时，有时会陷入各种沉思，比如会将现在的景象与以前经过时所看到的景象比较，确认这里产生了什么变化等。要是眼前出现一家没见过的餐饮连锁店，而这家饭店又正在搞活动，他就会特意跑到门口，问服务员要记账优惠券，等周末带家人一起来吃。

张先生在广告代理公司担任文编，主要负责金融业方面的广告，不过，他却从看似与金融业毫无关联的街头中，寻找灵感，探索到某些好的创意思维。

很多穷人会抱怨，上天不给予自己成功的机会，感慨命运捉弄自己，其实他们发觉不到机会就在身边，是因为他们自己害怕困难，而自行放弃了寻找机会。而机会一旦丧失，就很难重新拥有，这也正是很多人无法成功的原因。很多时候，只要积极努力地尝试，纵然没有取得成功，也会让你获取经验，而且在不断地尝试过程中，意志力逐渐得到锻炼和提升。

在每个机会来临时，富人总是积极地迎接，大胆地尝试，全身心地投入。想做就做，只有自己做过，才知晓尝试意味着什么。所以，在大多数人还没有认可时，那些成功者已经付出辛勤的汗水和心血，甚至是在多数人鄙夷的眼光里获得了成功。敢于尝试是开启成功大门的钥匙。所以，好运就在尝试中，尝试过后，也许不会成功，但如果连尝试的勇气都没有，绝对不会发现新的途径，更不可能获得成功。

亚洲有一家穷人，经过几年的省吃俭用之后，他们积攒够了购买去往澳大利亚的下等舱的船票费用，他们打算到富足的澳大利亚去谋求发财的机会。

为了节省开支，妻子在上船之前准备了许多干粮，因为船要在海上航行十几天才能到达目的地，孩子们看一船上豪华厅里的美食，都忍不住向父母哀求，希望能够吃一点，哪怕残羹冷饭也行，可是父母不希望被那些用餐的人看不起，就守住自己所在的下等舱门口，不让孩子们出去。于是，孩子们只有和父母一样在整个旅途中都吃自己带的干粮。

其实父母和孩子一样渴望吃到美食，不过他们想到自己只有空空的口袋，于是打消了这个念头，旅途还有两天就要结束了，可是这家人带的干粮已经吃光了，实在被逼无奈，父亲只好去求服务员赏给他们一些剩饭。听到这位父亲的哀求，服务员吃惊地说："为什么你们不到餐厅里去用餐呢？"

父亲回答说："我们根本没有钱。"服务员说："可是只要是

235

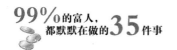
船上的客人，都可以免费享用餐厅的所有食物呀！"听了服务员的回答，父亲大吃一惊，几乎要跳起来。

就是因为缺少了一句话，让这家穷人没有吃到船上餐厅的美食，如果当初他们肯问一句，就不至于一路上啃干粮。他们不去问船上就餐的情况，就是因为他们根本没有勇气，一种惯性思维无形中就在他的脑子里给自己设了限制，即穷人是没钱去豪华餐厅享受美味的食物的。于是，他们一家人很可惜地错过了十几天享受美食的机会。

思维是什么？它是精神世界中最瑰丽的花朵。专家研究表明，左右一个人成功的最关键因素不是智商，而是思维模式。思维和观念才是控制成功的核心密码。为了告诫世人不要忘却，著名哲学家康德曾给自己写下这样一句碑文："重要的是不给予思想，而是给予思维。惯性思维使人的习惯因循以前的思维思考问题，仿佛物体运动的惯性。由于这种惯性，就会致人们在思考问题时产生盲点。"

台湾作家吴若权有一句耐人寻味的话："穷人戴上钻石，人家以为是玻璃；富人戴上玻璃，人家以为是钻石。"正因为受惯性思维的影响，认识不到事情也有变异的时候，于是就有了莫泊桑小说《项链》中的主人公玛蒂尔德身上的悲剧故事。经验主义是惯性思维的显现定式，是禁锢创新的镣铐锁链，所以，凡事要多寻思，多琢磨，不要全凭经验掌控思维。

惯性思维是创新思维的天敌，但并不是不可破除的"魔咒"。牛顿是物理学的鼻祖，牛顿定律一向被认为是物理学中不可更改的真理，也从未有人怀疑过，但是华裔科学家李政道和杨振宁却大胆扬弃，提出了"宇宙不守恒定理"，从而获得了1956年诺贝尔物理学奖。他们敢于向权威挑战，勇敢对惯性思维说"不"，才取得了常人无法企及的成功。

纵观人类科学发展史，一些半路出家的冒险者，误闯入一个个科学新领域，却带来意想不到的突破。房地经纪人恩德发现了在试管中培养小儿麻痹病毒的简便方法，画家莫尔斯发明了电报，伽利略发现钟摆原理时还是一个医生。这些人之所以能"歪打正着"，很重要的原因是拥有好奇心，而好奇心促使他们散发思维，去探索未知领域。

有一种说法，人的见闻越广博，受教育的程度越高，朋友的圈子就会越来越小，这是一个奇怪的现象吗？然而这还是思维观念的差异，因为知识、阅历身份总会成为人的一种包袱，使人们变得越来越挑剔和偏见。现在社会的发展，有时会带来人与人之间交往的惰性，逃避社交，就不再有新鲜感，怀疑一切。21世纪，当"应酬"一词在时尚人的字典里消失，"社交"成为一种发自于内心的需要。认识新朋友，涉猎新领域，建立圈子，跳出圈子……人们渐渐松开触角。一位哲学家说过，人其实是孤独的动物，而现在社交是人们健康的兴奋剂，让人在愉悦轻松的气氛中，领悟到生活的真谛。

当我们取得巨大进步和成果时，让我们将目光投向生活更远处，充满希望和神秘的明天，就会让我们感觉到自己的不足，继续奋斗争取更大的进步。当我们遇到挫折和失败时，我们将目光移向生活的过去，那充满奋斗和艰辛的昨天让我们可以暗察到现在的艰辛挫折的微不足道。不断努力，不断放弃。也许我们在众多树木中，只是一株探头的小树，当生活中遇到荆棘所阻碍时，应该调整目光，看看那些伏地而生的小草，想想自己破土而生时的幼稚情景，心理会有一份安慰。

我们需要用不同的目光去看待人生，以不同的目光看待人生、看待自己，就会发掘自身的价值，不断变得充满自信，并激励着自己勇敢向前。在把目光投散到生活的各个角落时，应该把握住自己的目光，找到一个属于自己的目标。让自己在固定的位置上保持最佳的心理状态。冲向属于自己的蓝蓝天空。目标决定了角色的位置，不同的位置价值观是不相同的，生活中的价值是我们人生的位置所在。所以，要在生活中不断改变目光的方向，使我们把握到人生的位置所在。

不断改变目光方向，使我们对生活，对自己的视窗更辽阔，更发现把握自己人生的位置，并不断拼搏进取，创造美好人生。如果一个人一点自信都没有，总觉得自己长得太矮、太胖、口才不好、年纪太大，那么，就永远追不到心爱的对象。赚钱也一样，想要致富，不仅要充满自信，更要充满好奇心。好奇是人类进步的原动力，是一种创造力，也是一种魄力，有了这种魄力就会去做投资、冒险，而这种行为正是致富的主因之一。

2005年到2007的股市，20004年到2006的黄金，2001年至今的房市，都是投资的好时机，只要把握住了任何一个机会，都会让财富成倍成几倍的翻番。机会之所以成为机遇，这就要求你有正确的认知、把握大势，顺势而为，搭上财富的顺风车。胆小怕事、谨小慎微、毫无主见、人云亦云，只能让你一次次与财富擦背而过。

成功的机会不是偶然的，只是我们没有发现而已，一朵花之所以美丽，是你觉得它美丽，让美的感觉存于你的心中。有时候，很多美的念头闪过脑海，无法捕捉。而美不是空谈，机会也是如此。要去感受，去欣赏；用一种欣赏的眼光去看阳光和雨露，恬淡而愉悦，用一种欣赏的目光去看花草树木，清新而爽快；用一种欣赏的目光观察大海，寥廓而深远……成功的机会充斥在各个角落，要去发现、去尝试，练就一种修养、境界去捕捉机会，只要在人生道路上转变思路，就像上下班尝试多种路线一样，那你离创富之路就不远了。

每天至少运动30分钟

"身体是革命的本钱"，这句话每个人都知道，但又有多少人能够真正读懂它的含义呢？一位智者曾经说过，其实我们的生命很长，没有必要一下子全部把生命的能量释放出来，循序渐进地释放，对于我们来说很重要。

现代人早已习惯当个窝在电视、电脑前面的宅男宅女，对于"一天一万步，健康有保固"、"要活就要动"类似的宣传口号，大家虽然早已耳熟能详，但真正能够持续做到的人，恐怕少之又少。但是对于有钱人来说，保持运动的好习惯，对内可以维持身体健康，累积打拼事业的能量；对外则可以与同好者相聚，甚至在运动过程中能开拓视野，训练战胜困难的精神，拥有难得的独处思考时间等多种优势。

谈起有钱人的运动，早已不局限于高尔夫球，越来越多的企业家，不仅本身擅长许多类运动，甚至也鼓励其下属也养成运动的好习惯。许许多多的例子可以说明，再忙也要做做运动的生活态度，对人生发展很有益。早在两千多年前，医学之父希波克拉底就讲过，阳光、空气、水和运动是生命和健康的源泉。生命和健康离不开阳光、空气、水分和运动，长期坚持适量运动，可以使人青春永驻、精神焕发。

像日本作家村上春树写了许多本畅销书，但直到他写了《关于跑步，我说的其实是……》一书后，大家才知道他也爱跑步。他曾经感性地表示，日常的跑步对于他来说就像是生命线一样，不因为忙就省略或是停跑。如果因为忙就停下来，一定会终身都没法跑。因为继续跑的理由很少，停跑的理由就有一卡车那么多，我们能做到的只有把那些很少的理由珍惜地继续磨亮，一找到机会就勤快而周到地继续磨。不过可惜的是，大多数人却把停止运动的理由延伸，直到身体脂肪变多了，腰臀变粗了，才急急忙忙地寻求营养品，试图唤回身体健康，但此时往往为时已晚。

有人通过对2003年以来的公开报道中，能够找到的72位亿万富翁死亡案例进行梳理，得出的数据显示，15名死于他杀、17名死于自杀、7名死于意外、14名被执行死刑、19名富豪积疾早逝。可见，其中很多人因为疾病而死去，这个数字足以令人深省。

2011年6月28日，知名运动品牌德尔惠公司董事长丁明亮死于癌症。根据胡润百富榜的统计，2009年，中国的亿万富豪有5.5万人。2010年，这一数字同比增长了9.1%，达到6万人左右。根据这个可供参考的数据，可以算出，亿万富豪的死亡率已经超过万分之一点五。

根据上述调查显示，在因疾病死亡的19人中，心脑血管疾病最多，9人死于相关疾病。上海中发电气有限公司董事长南民，福星科技总经理张守才，江民新科技总裁、中国反毒之父王江民，江苏丰立集团有限公司董事长吴岳明，绿野木业董事长许伟林，汉帛有限公司董事长高志伟等，均死于脑血栓、心肌梗塞、心脏病等。

另一个就是癌症。统计显示，7人死于此类疾病。其中，浙江均瑶集团董事长王均瑶，前网易代理首席执行官孙德棣死于肠癌；兴业集团、康华集团、驰生集团、大中投资集团主席王金城，南京蟠龙金陵建设有限公司董事长平理死于胰腺癌；杭州道远化纤集团董事长死于肝癌；北生药业董事长何玉良也死于癌症。

湖南胖哥槟榔董事长王继业、石家庄金华停车服务中心的法人代表兼董事长王破盘、江苏丰立集团有限公司董事长李学军、兴民钢圈股份董事长王嘉民、中国消防安全集团原董事会主席李刚进等人，则因其他疾病猝死。

如果是重病缠身多年，年龄又很大，无论如何也不能说是非正常死亡。但值得注意的是，这19名因病去世的富豪，平均寿命只有48岁。最年轻的南民，去世时只有37岁，而王均瑶和孙德棣则是在38岁时英年早逝；年纪最大的章胜汉，脑溢血去世时也只有59岁。中国人的平均寿命已经超过70岁，亿万富豪病逝的年纪明显偏小，这对人们的健康敲响了警钟。世界卫生组织曾提出了人类健康的四大基石，即"合理膳食、适量运动、戒烟限酒、良好心态"，但现实生活中，能做到这几点的人并不多。

如今的人对生命的意识已经达到一定的境界，身体的好坏直接关系到生命的质量和价值，所以，锻炼身体、保护身体增强体质成为许多人的自觉行动，但现实生活中却有不少人，却仍然在糟蹋着自己的身体，比如吸烟、喝酒，有许多人先花钱猛抽，咳嗽得一塌糊涂，才花钱买止咳药、消炎药，先不谈花钱不花钱，伤身体可是最大的忌讳。有的人喝得山呼海啸令人"佩服"，事后却到医院吊瓶折腾。正如一条短信所说：不喝不喝又喝了，不行不行又多了，多了回家挨骂了，骂了骂了睡着了，早晨起床后悔了，晚上有酒又去了。这样循环往复，弄不好身体就垮了。

在这个快步发展的社会里，人们为了生活、为了理想，为了实现自己一个又一个愿望，常常忘记疲劳，忘记辛苦，费尽所有的辛苦和力气奋斗。这时已经完全忘记自己的身体正在承受着重负，等到自己的身体提出抗议，彻底倒下不能接着干时，才知道去医院检查，可是身体刚恢复，又一如既往地操劳。"年轻时用命换钱，年老时再用钱换命"，这是都市白领经常挂在口头的一句话，之所以有这句话，是因为大多数人都认为健康与工作、赚钱是矛盾的。整日里都忙着工作、忙着赚钱，哪里有时间考虑健康？而作为家庭赚钱的主力中年人，往往上有老下有小，工作任务重、赚钱压力大，同时还要养家糊口，更顾不上自己的健康。其实，即便工作再忙，只要有运动的意愿，一定能找到锻炼的时间。

李嘉诚在很小时就失去了父亲，家境不是很好的他，早早就担起来养家的重任。他小小年纪就经常跟着村里的大人到各个工厂里做工，后来他凭着勤奋好学，经过几十年的努力，终于成了亚洲首富，取得令人艳羡的成绩。

人们在总结李嘉诚成功的经验时发现，李嘉诚在这几十年的拼搏中，始终保持着旺盛的精力，即使已经80岁，身体依然健康，而且精力依然旺盛。

在回答这个问题时，李嘉诚说："身体就是革命的本钱，只有身体健康，事业才会有所发展，所以，我向来都很注重自己的身体健康情况。就算以前家里困难时，我也从不拿自己身体开玩笑，因为我知道，一旦身体垮下了，我就真的失败了。"

　　真佩服李嘉诚先生的这句话，"我从来不拿自己的身体开玩笑，因为我知道一旦身体垮下了，我就真的失败了"。这句话里就能得出他的明智和智慧。其实对于身体的重要性，谁都知道，但真正能看穿的又有多少人呢？而作为亚洲首富的李嘉诚，却看得那样透彻，那样带有感情的理性。真希望那些对健康迷迷糊糊的拼搏者，也能像李嘉诚这样看得这样透彻。

　　健康是我们每个人与生俱来最为宝贵的财富，它比发财当官要重要得多。如果我们的生活是一个天平，天平一端放的是健康，另一端是金钱和事业，那么，任何一端过重或过轻，天平都会失去平衡。在今天竞争日益激烈的社会环境下，追求事业上的成功和金钱已经成为一种普遍的愿望，而健康问题却往往被强烈的事业心和物欲所埋没。金钱能买到房子，却不一定能买到安宁；能买到高级的床，却不一定能买到睡眠；能买到漂亮的衣服，却不一定有买到美丽；能买到世上许多东西，却买不回健康。健康胜过人膜拜的金钱。

　　实际上我们细细想，工作是做不完的，金钱是赚不完的。有无数的人在为着名和利而拼搏，其中大多数以牺牲自身的健康作为代价。有一种浅显却直观的说法是，广厦千间，夜眠八尺；良田千顷，日食三餐。正如多余的金钱会拖累人的心灵，多余的追逐会增加生命的负担。所以，要平衡天平的两端，学会适当地舍弃。而为了更好地工作，为了更好地扛起工作和家庭的"大梁"，就需要"留得青山在，不怕没柴烧"。

　　按照对健康的态度，有人总结出四种人，分别是：聪明人、明白人、普通人和糊涂人。

　　第一种是聪明人，他们不仅关注健康观念，而且会将健康观念落实到实处，他们会顺应健康规律，天人合一，长命百岁。聪明人可以度过两个春天，第一春是0～60岁，第二春是60～120岁，第二春是夕阳红，是更好的春天。

第二种是明白人，知道健康的重要性，一直在储蓄着健康，不去做伤害健康的事，让自己的生命更保值，让自己的生命更持久。

第三种是普通人，他们漠视健康，生命也由此贬值，普通人常常提前得病，提前衰老。

第四种是糊涂人，他们透支健康，漠视生命，这种人多数是精英白领，他们的事业如日中天，而身体状况却江河日下。他们自以为没有病就是健康，山珍海味、加班加点、抽烟喝酒、通宵熬夜、生活无度。他们不知道生活是一条单行线，不是返程车票，如果不倍加珍惜，纵有金山银山，身体总还是扛不住长时间的透支，生命时发出警报。

如果一个人工作太久，疲惫和压力就会产生，厌烦也逐渐侵入，这时如果不改变一下工作习惯，就很可能会造成情绪不稳定、慢性神经衰弱以及其他毛病。这时需要调节一下，调节不一定需要休息，从脑力劳动转换去做几分钟体力劳动，从坐姿变为立姿，绕着办公室走一两圈，都可以恢复精力。上班时，最好把工作在上班时结束，除非有紧急的事务，否则就坚决不要带回家里，这样将会享有一段舒适的晚间休息时间，也是一件非常美妙的事情。

中国古人在《礼记·杂记下》中说：一张一弛，文武之道也。身处竞争激烈的商业社会，每一个人都在奔向有钱人的道路上紧赶慢赶，像是上了发条的钟表。但是应该记住的是，弦绷得太紧就会断，工作中的调节与休息，不但于自己健康有利，对事业也是有大的好处。事实上，现代商业竞争中的成功者，往往都会合理地安排时间，注意有张有弛。他们会注重各种形式的锻炼，以保持旺盛精力去应对艰巨的商战，他们也会注意给自己留出时间，好好与家人共享天伦之乐。

比如旧金山全美公司的董事长约翰·贝克，他每天坚持晨泳和晚泳，还经常抽空去滑雪、钓鱼、越野走以及打网球；包登公司的总裁尤金·苏利文，每天要故意走过20条街去自己办公室的习惯；联合化学公司董事长约翰·康诺尔偏爱原地慢跑，一直保持着标准体重。我们每一个人都像这些成功人士一样，寻找一种最适合自己的锻炼方式，通过一些低强度但又十分有效的形式，使自己保持充沛的精力和敏锐思维，这无疑是忙于工作的现代都市人最佳选择。同时，我们的心灵需要宁静与独处的空间，从而更好地缓解激烈竞争的压力。尽管我们大多数人都在朝着有钱人的方向疾奔，甚至停不下脚步，但我们不妨在自己繁忙的时间表上，安排几分钟或十几分钟静坐默想的时间，以获得内心的宁静，所谓"静心修身"，让自己摆脱竞争的忙乱和工作的压力。

当然，我们不仅要有健康的体魄，同时还需要有健康的思想，以乐观的态度去面对生活中的种种问题，以平常心态去对待成功。即使是喜欢一件东西也不必刻意追求它；以进取心对待失败，哪怕是身受打击也要趾高气昂；以信任心对待下属，要放心让手下人施展才能；以博爱心对待他人，要坚信有付出终有回报。虽然身体不能决定一切，但要在社会中更好地生存，身体就是本钱。所以无论是那些功成名就的人，还是正处于奋斗之中的人，都不应忽视自己的身体。最好每天抽出点时间做些运动，在缓解精神紧张的同时，又确确实实锻炼身体。切忌为了一时的利益和欲望而透支健康，透支未来。

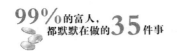

 小红包中有大学问

> 中国自古就是礼仪之邦，很注重礼尚往来，送礼也是一种最能表达情意的沟通方式。从客观上讲，送礼受时间、环境、风俗习惯的制约；从主观上讲，送礼因对象、目的的不同而不同。所以，送礼是一门艺术，给谁送、送什么、怎么送都很微妙，绝不能乱送。

送礼无论从字眼上还是从行为上，对于素有礼仪之邦的中国人来说，都不会感到陌生，千百年来，从老祖宗那儿就传下来这个规矩，可不是一件简单的事。其中有些学问是从书本和课堂上学不来的，而是一门社会关系学。有些人天生就有这方面的天赋，经过"社会大学"的学习深造，更能够把送礼这门学问掌握，并运用得灵活自如、恰到好处。而有些人一辈子学不来，有些是学得来用不来，他可以把学习的知识很精辟地教给别人，而自己却不会用。

送礼，从廉政角度来讲，好像不是一件好事，甚至人们有点谈虎色变的味道，是个别腐败例子给送礼蒙上了灰色的阴影。其实，送礼并非就是一件不好的事，送礼也是一种传统美德，也是一种文明礼仪，它是人们用以沟通情感和道德交流的一种最现实、最顶用的表现形式。在现实生活和社会交往中，婆媳之间、母子之间、师生之间、邻里之间，正常相处和感情交流的方式很多，如果增加一点点礼品赠送的色彩，那将产生什么样的效果？毋庸置疑，肯定会促使相互关系更进一步融洽和密切。

送与不送，已经不成为一个问题，稍稍有几年工作经验的人得出共识，给客户的礼，还是要送的。中国是一个人情社会，送礼也当然势在必行，至少可以混个脸熟，有什么事情都会让人觉得很好办。据有经验的人士介绍，给客户送礼，实际分很多种类型，一是维护和联络感情，方便与客户进行沟通；二是对对方为自己做的事表示感谢；三是表示对对方的尊重；四是让别人知道你记得他；五是表示祝贺祝福；六是表示你对他的关心。

怎么去送礼，当然也需要技巧，尤其是对于那些公关高手或是那些优秀的业务员来说，必备的素质之一就是会送礼。怎么去送，关键是对送礼时机的把握，比如说，只有过年过节才送，平时一点不送，这也不行，因为过年过节送礼的人很多，你送的东西很可能就被淹没在成堆的礼物里，对方根本注意不到你，当然就谈不上对你有特殊印象，送礼的作用就会大打折扣。

对于客户来说，礼物贵贱不是最重要的，重要的是心意。能让客户感觉到送礼者仍在关心他，就会格外高兴。所以，去拜访客户时，根据他的需要送礼品，应该是一个明智的选择。如果是老年人，就送一些健康类产品，比如一些保健器材、保健品、营养品等。既能显示对老人的尊敬，又有益于老人的身体健康。此外，营养保健品、健枕、脊柱医护腰垫、足疗健康等，也是很实用的节日礼物。除此之外，一个水果礼篮也比较适合送老年人，花篮内装有水果，旁边插上些鲜花，就是一份既实惠又得体的礼物。

　　小王刚刚出道时，公司接了某大型企业的50年大庆的展览工作，因为是关系介绍，单子接得顺利。但是却没有想到在整个接单到完成任务的过程中，始终都没有出现的一个审计部门，在签完合同、验收完毕、准备付款时，对方突然给小王打电话来，说他们的工程与实价不符，要扣20%的款，并让小王半个小时后到她的办公室。

　　半个小时后，小王就什么也没带地去了。去对她一板一眼地讲价格是实价，是与她们单位签订过合同、竞标的。等小王起身时，她忽然手无意识地要往外一张，以为小王要从包里给她拿东西，结果小王却拿起包来就走了，什么都没有送。又过了半个小时，她又打来电话，通知小王款被扣了20%，一下子几万元就没了。因为小王没有送礼，就使得对方单位要求报价成为签完合同后的"关门打狗"。

　　后来，那个单位给小王作介绍的人告诉小王说，送礼成了他们单位不成文的规矩，而且要雁过拔毛，去年就有个部门的副部长捞足后，突然就移民了，连保险金都不办转移手续了。由此，小王觉得那个单位的风气不好，放弃了那个单位。

　　后来，在与一位朋友谈起来时，朋友问她，如果当时送她2000元，免扣几万元，会不会送。此时，小王反问朋友会怎么做，朋友说坚决不送。小王却毫不犹豫地说："我送点礼又不犯法，我凭什么不送，骨气谁都有，应该要分时候。我不但要送，还要下次事先把审计是谁弄清楚，把这个钱礼留出来，提前送。前提是不违法，所以，有的钱不叫行贿，而是营销费用。如果要做一毛不拔的铁公鸡，很难和客户打交道，那你的生意无法做起，事业发展也就无从谈起。"

　　这也算是吃一堑长一智，因为不懂得商务上的送礼规则，使得小王平白无故地就失去了几万元的款额，但从一开始来讲，应该算不上无辜，只是小王没有去深探其中的奥妙，而是空手去和对方一板一眼地讲价格是实价，当然就没有什么作用，该扣的款一分也没少，也就引起了小王的警戒。后来她终于明白了营销费的含义，并懂得了送礼的时机。

当然，在现实的生活中，有些送礼行为带有特定的目标，为了达到某种需要而实施。大都体现在生意场和官场，原本这种行为是为了致谢，该是一种事后行为，而现今在官场和生意场上，却将这种本属于事后行为改成了事前行为，而且送出的不是能用"礼"来认定的，它已完全或严重超出了"礼"的范围，这种行为不能叫送礼，而是行贿。

有些人很轻易就将"礼"与"贿"混淆起来。"礼"、"贿"不分，有的人甚至借"礼"之名、行"贿"之实，以"贿"充"礼"，干违背规律、冒犯司法的勾当。在我们的实际生活中，有些人为了谋取不合理好处，接纳行贿，使国家工作人员违背职责要求，应用职务之便为其谋取不合理好处。受贿人的念头极不纯真，受贿的对象手中把握大权，可以为其谋取不合法好处；受贿的物品一般是比较宝贵，数目较大；受贿的工夫及方法较荫蔽。

在一个文明社会，该考究的礼仪确实应该考究。然而，必须仔细分清"礼"与"贿"的实质区别，绝不能以"礼"之名、行"贿"之实，让"贿"玷辱人世真情。

有一天，耶稣设个比喻对门徒说，天国好像人撒种在田里，及至人睡觉时，有仇敌来，将稗子撒在麦子里就走了。等到禾苗吐穗时，稗子也显出来了。田主的仆人来告诉他说，主啊，不是撒好种在田里吗？从哪里来的稗子呢？

田主说是仇敌干的，仆人说，你要我们把地里的薅掉吗？主人说，不必薅稗子，否则会连麦子一起拔出来，容得下这两样一齐成长，等着收割。当收割时，我要对收割的人说，先将稗子薅出来，捆成捆留着烧，再将麦子收到仓里。

商场就像长满麦子和稗子的田地，我们想种麦子，却没法阻止别人来撒稗子，所以，不能因为稗子的存在，而将麦子也连根拔起。要试着去接受、体察那些世俗默认的事，但要符合自己内心和做人的基本原则，允许稗子在田里生长，等到收割时，麦子还是麦子，而稗子却会被火烧掉。

当求人办事时，人家办成后千万不要吝啬，一定要在合理的范围内进行答谢，这个火候要企业或个人量力而行。比如说，求一个关系很铁的人办事，人家办成了，也许你的答谢礼不需要太重，最重要的是人脉上的沟通要做得足。是否对方的父母、兄弟姐妹照顾到位，继而提高其在圈子里的影响力和口碑；再比如你求一个不算很熟悉的人办事，当对方办成后，就要了解他缺什么，如果什么也不缺，就自己想着做一份特别的礼物。

在求人办事没有把握办成的情况下，不要送答谢礼，送礼要学会判断，如果你要找某个关键人物办事，就需要找个和关键人物很近的人来操作这个事情，让这个人告诉你，如果办成了你会付出什么样的代价，这样事成了，送人礼就会履约，如果事不成，送礼人也能通过委托人有罪有回旋余地，而不是送礼最后人财两空。所以，送礼不是目的，也不是手段，关键在于交人。你有求于人，你送人家东西，人家没有给你办事，或许会很失望。这应该不是一种好的心态，应该怀着感恩的心，继续前进，继续交朋友。

送礼不但有学问，而且学问非常大。有些人送礼送得很大方，有些人就很小气，又舍不得送，又怕送了白送。也有些人觉得对方什么也不缺，送过去人家看不上给扔了，显得多么没有意义。但送礼却是一件必做的大事，要想在商业活动中经营顺利，就必须研究通送礼的学问，否则就难以经营。不要去顾忌对方缺不缺钱或东西，就是对方不需要也要去送，毕竟钱再多的人也不会嫌钱多，再不缺东西的人，也不会拒绝送上门的东西。

赠送礼品还要考虑具体情况和场合，一般在赴私人家宴时，要为女主人带些小礼品，如花束、水果、土特产等。有小孩的，可送玩具、糖果；应邀参加婚礼，除艺术装饰品外，还可赠送花束及实用物品；新年、圣诞节时，一般可送日历、酒、茶、糖果、烟等。礼物一般应该当面赠送，但有时参加婚礼，也可以事先送去。礼贺节目、赠送年礼，可派人送上门或是邮寄。这些应随礼品附上送礼人的名片，也可手写贺词，装在相当大小的信封中，信封上注明受礼人的姓名，贴在礼品包装皮的上方。通常情况下，只给一群人中的某个人赠礼是不合适的，这样会使得受礼人有受贿和受愚弄之感，也会使没有受礼者有受冷落和轻视之感。

给关系密切的人送礼，也不宜在公开场合进行，以避免给公众留下你们关系之所以密切，完全是靠物质的东西支撑的感觉。只有礼轻情义重的特殊礼物，表达特殊情感时，才适宜在大庭广众面前赠送。送礼时要注意态度、动作和语言表达，平和友善、落落大方的动作并伴有礼节性的语言表达，才是受礼对象乐于接受的，那种悄悄将礼品置于桌下或房某个角落的做法，不仅达不到馈赠的目的，甚至会适得其反。在我国一般习惯上，送礼时自己总会过分谦虚地说，"薄礼！薄礼！"、"只是一点小意思"等，这种做法最好避免。

在对所赠送的礼品进行介绍时，应该强调自己对受赠方怀有好感与情义，而不是强调礼物的实际价值，否则就会落入重礼而轻义的地步，甚至会使对方有一种接受贿赂的感觉。因人因事因地施礼，是社交礼仪的规范之一，对于礼品的选择也要符合这一规范。要针对不同受礼对象区分礼品的选择。一般来说，对家贫者以实惠为佳；对富裕者以精巧为佳；对恋人、爱人、情人以纪念性为佳；对朋友以趣味性为佳；对老人以实用为佳；对孩子以启智新颖为佳；对外宾以特色为佳。

送的礼品要轻重得当，以对方能够愉快接受为尺度。选择最适当的礼品，争取做到少花钱多事办，多花钱办好事。现今的商业社会，"利"和"礼"是连在一起的，先礼后利，有礼才有利，这已经成为商务交际的一般规则。送礼的道理应该不难懂，难就难在送礼过程的操作。所以，要提高自己的送礼技巧，不显山露水，却能够打动人。